リスの生態学

田村典子 ──［著］

東京大学出版会

Ecology of Tree Squirrels
Noriko TAMURA
University of Tokyo Press, 2011
ISBN978-4-13-060192-4

はじめに

　私がリス類の生態研究を始めたのは大学の卒業研究だった．その後，リスの研究をずっと続けるとは，当時まったく考えてもいなかった．気がつけば30年近くリスの研究にかかわっていたことになる．「なぜリスの研究をしているのか」という質問を多くの人から受ける．リスという動物は，われわれ人間にとってあまり関係がない存在に思える．人間に被害を与えるサルやシカのことをくわしく調べる意味は理解できる．一方，ツシマヤマネコやアマミノクロウサギのように希少な存在であれば，それもまた調べる価値がわかる．そのどちらでもないリスにこだわってなぜ研究するのか，という疑問を抱くのも当然といえる．

　私がリスの研究を続けているのは，じつはとてもおもしろいからである．リスの生態研究を21歳から始め，それに没頭しているうちに，つぎつぎと現れる「なぜだろう」「おもしろい」の迷宮にはまってしまったというのが本音である．だから「なぜリスの研究をしているのか」という目的を聞かれても，答えはほんとうはないのである．しかし，「なぜリスの研究はやめられないほどおもしろかったのか」という質問には，たぶん本書のなかで答えられると思う．リスは5000万年前という太古の昔から現在まで，ほとんど形態が変わらず，おそらく生活様式もほとんど変わっていないと考えられている．そのため，リスは森にすむ「生きた化石」といわれる．リスの生態が興味深いのは，大昔から森で生き続けてきた驚くべき知恵（適応）にあふれているからかもしれない．本書を通じて，私がこれまでにかかわってきたリスの研究を紹介したい．普段あまり関係がないと思っているリスや，かれらが暮らす森のことに，興味をもつきっかけになることを願っている．

　自分が興味をもったことについて研究してきたつもりではあるが，気がつけばこの30年間の動物生態学の潮流にみごとに翻弄されていたようだ．配偶戦略や利他行動などの行動生態，生息地の分断化や外来種問題などの保全生態，動物と植物の相互作用や局所的適応などの進化生態といった動物生態

学の主要なテーマに対して，けっきょくリスという対象からアプローチしたことになる．リスは，夜行性の種が多い哺乳類のなかにあって，めずらしく昼間活動する動物であり，努力しだいでは直接，行動を観察することが可能である．各個体の行動は，霊長類ほど複雑な社会関係に影響されるわけではないので，行動パターンの解析は比較的容易である．さらに，調査のために生きたまま捕獲する作業も，ほかの中大型哺乳類に比べれば容易なほうである．植物とのかかわりが密接であるから，環境とのかかわりや共進化といった視点も取り入れられる．唯一残念なところは，リス類は一般的に個体数密度が低いため，定量的なデータを集めることに苦労する点である．しかし，少しずつデータがたまっていく楽しみもあるし，長いデータ収集の間に思わぬひらめきが湧くこともあるので，一概に悪いとはいえない．

　リスは世界中に約260種もいる．いろいろな地域で研究すれば，まだまだおもしろい発見が出てくるに違いない．本書では，できるだけいろいろな角度からリスの生態を紹介したつもりだが，ほんとうは未知の部分が多い．リスの生態学はこれからもっとおもしろくなるはずである．

目　　次

はじめに……………………………………………………………………………i

第 1 章　リス——森に生きるための適応……………………………………1
　1.1　リスの起源………………………………………………………………1
　　　（1）生きた化石　1　　（2）世界のリス類　2
　　　（3）リスの系統進化　4
　1.2　リスを特徴づける形態…………………………………………………7
　　　（1）歯　7　　（2）咬筋　8　　（3）尾　9　　（4）四肢　10
　　　（5）視覚　11
　1.3　日本に生息するリス類…………………………………………………12
　　　（1）樹上性リス類　12　　（2）地上性リス類　15
　　　（3）滑空性リス類　16　　（4）外来種　17

第 2 章　社会構造——配偶システムと利他行動……………………………20
　2.1　リス類の配偶システム…………………………………………………20
　　　（1）研究のはじまり　20　　（2）一夫一妻制のリス　22
　　　（3）乱婚制のリス　24　　（4）ニホンリスの配偶システム　27
　2.2　クリハラリスの交尾騒動………………………………………………28
　　　（1）調査方法の確立　28　　（2）秩序正しい乱婚制　31
　　　（3）クリハラリスの交尾の特異性　33　　（4）クリハラリスの社会　34
　2.3　オスとメスの配偶戦略…………………………………………………37
　　　（1）オスのコスト——実効性比　37
　　　（2）メスの利得——重婚の意味　39　　（3）父親隠蔽の可能性　40
　2.4　台湾のクリハラリス……………………………………………………41
　　　（1）はじめての台湾　41　　（2）台湾での調査　44
　　　（3）豊富な食べもの　45　　（4）多い天敵　47

2.5　社会構造と利他行動……………………………………………………52
　　（1）利他行動の進化　52　　（2）ジリスの社会と利他行動　53
　　（3）クリハラリスの社会構造　55

第3章　音声信号──意味論とだまし……………………………59

3.1　音声の意味論……………………………………………………………59
　　（1）捕食者ごとに異なる音声　59　　（2）同じ声で違う意味　62
　　（3）状況判断の可能性　66　　（4）「だまし」仮説　66
　　（5）儀式化した合図　68

3.2　多様な音声の世界………………………………………………………69
　　（1）リスの宝庫マレーシアへ　69　　（2）マレーシアのリス　71
　　（3）リスたちのさえずり　74　　（4）樹上性リスの音声信号　77

3.3　音声信号の進化…………………………………………………………80
　　（1）利用空間の種差　80　　（2）熱帯林でのリスの多様性　82
　　（3）音声信号と生息環境　85

第4章　採食生態──貯食……………………………………………88

4.1　ニホンリスの暮らし……………………………………………………88
　　（1）テレメトリー調査　88　　（2）行動圏の大きさ　92
　　（3）オニグルミ　97　　（4）貯食による冬越し　99

4.2　種子を追う………………………………………………………………101
　　（1）発信器付きのクルミ　101　　（2）宝探し　102
　　（3）貯食型散布　103

4.3　競争者アカネズミ………………………………………………………105
　　（1）アカネズミの盗み　105　　（2）アカネズミの貯食　107

4.4　運搬距離…………………………………………………………………109
　　（1）最適密度モデル　109　　（2）運搬する距離の損得　110
　　（3）距離モデル　113　　（4）距離と実生の生残率　116

4.5　クルミとリスとアカネズミ……………………………………………118
　　（1）リスとネズミとクルミのサイズ　118
　　（2）大きいクルミと小さいクルミ　118
　　（3）クルミのサイズの地域差　120

第5章　生物間相互作用——植物とリスの共進化 ……… 123

5.1　マツボックリとリス ……… 123
（1）地理的モザイク説　*123*　　（2）富士山のニホンリス　*128*
（3）ゴヨウマツ類とニホンリス　*133*

5.2　クルミ割り行動の地域差 ……… 138
（1）クルミ割りができないリス　*138*
（2）オニグルミの食べ方の地域差　*141*　　（3）学習と年齢　*146*

5.3　ドングリ食の地域差 ……… 148
（1）ドングリとリスの軍拡競争　*148*
（2）ドングリ嫌いなニホンリス　*150*
（3）タンニンへの生理的適応　*153*
（4）ドングリを食べるリスと食べないリス　*154*

第6章　保全生態——リスと生息環境 ……… 158

6.1　森林の分断化 ……… 158
（1）断片緑地での分布調査　*158*　　（2）生息にかかわる要因　*161*
（3）孤立化の影響　*162*　　（4）10年後の分布　*164*

6.2　マツ枯れの影響 ……… 166
（1）マツ枯れ　*166*　　（2）リスの個体数　*168*
（3）マツの採食量　*171*　　（4）マツ枯れの影響評価　*173*

6.3　地域的絶滅 ……… 176
（1）LP——絶滅の恐れのある地域個体群　*176*
（2）中国地方での分布調査　*177*
（3）中国地方のニホンリスの遺伝的多様性　*179*
（4）各地の地域個体群　*180*

6.4　外来種問題 ……… 182
（1）イギリスの外来リス　*182*　　（2）日本の外来リス　*185*
（3）その他の国の外来リス　*189*

引用文献 ……… 192
おわりに ……… 203

事項索引……………………………………………………………………205
生物名索引…………………………………………………………………209

第1章 リス
―― 森に生きるための適応

1.1 リスの起源

（1）生きた化石

　リスはもともと森に生きることに特殊化した哺乳類である．その形態も行動もすべて，森のなかで食べものをとり，天敵からのがれ，子どもを残すことに適したものになっている．リスが地球上に出現した時代は想像以上に古く，中生代に栄えた恐竜が絶滅し，原始的な哺乳類が繁栄を始めた新生代の初期（暁新世）にさかのぼる．中生代の終わりごろから，シダ植物や裸子植物にかわって多様な種の被子植物が進化し，暁新世には森を構成する植物も現代と近い様相になったと考えられている．リスはこのころから森とともに歩み始めたのだ．

　ゲッ歯類の祖先の1つと考えられる *Paramys* 属の化石は，暁新世以降に北半球各地で発見されている．なかでも古いものはアメリカのモンタナ州で発見された *Paramys atavus* であり，約5400万年前のものと推定されている（Jepsen 1937）．頭胴長は約30 cm，尾の長さも約30 cm，リスに似た形態をしていたが，現在の樹上性リスほど樹上での生活に適応した形態ではなかったと考えられている．アジア地域では，モンゴルのハンザゴルで発見された *Kherem hsandgoliensis* がこの仲間では古く，約3200万年前と推定されている（Minjin 2004）．最近では，ドイツのメッセル・ピットで *Masillamys* 属の全身化石が発掘された．これは保存状態がきわめてよく，毛が生えた長い尾や鋭い門歯が認められ，樹上で種子などを食べて暮らしていた生態が推察される．

一方，現在のリスの直接の祖先と考えられている *Protosciurus* 属の化石は，漸新世に入ってから確認されるようになる．いまのところもっとも古いものは，1975 年にワイオミング州で発見された *Protosciurus* (*Douglassciurus*) *jeffersoni* で，推定年代は約 3600 万年前とされている．その全身骨格を現在のリスと比較すると，地上で生活する種ではなく，樹上で暮らす種の骨格とよく似ていた（Emry and Thorington 1982）．つまり，*Protosciurus* は現生の樹上性リスと同じように，すでに樹上生活への形態的な適応を進化させていた．逆にいうと，現在の樹上性リス類は漸新世からほとんどその姿を変化させていないことになる．あまり知られていないが，樹上性リス類は，ゲッ歯類のなかで保守的な形態を残す「生きた化石」と考えられている．

始新世のころには，樹上生活をするリス類が北アメリカやユーラシア大陸で著しい分化を遂げたと考えられている．この原始的なリス類は中新世から鮮新世のころ（1000 万-500 万年前）には，さらに北半球からアフリカ大陸へ分布を広げた．また，パナマ陸橋が形成された鮮新世の終わり（約 300 万年前）には，南アメリカ大陸へも到達したとされている（Black 1972）．

（2）世界のリス類

現在，リス科は 50 属約 260 種に分類されていて，両極地とオーストラリア大陸以外の全世界に分布している（Nowak 1991；図 1.1）．このうち，樹上生活をする昼行性の「いわゆるリス（樹上性リス類）」の仲間は，種子や果実を主食とし，木の上に巣をつくる．この仲間は 23 属 123 種あり，リス類全体の約 47％ を占める．そのうちの 48％ が東南アジア，24％ がアフリカ，12％ が南アメリカと 8 割以上の種が熱帯あるいは亜熱帯林に分布している．リスといえば，童話のイメージから欧米地域を連想するが，意外なことにリスの宝庫は熱帯地域なのである．東南アジアやアフリカの森林には，同じ地域に体の大きさが異なる何種もの樹上性リスが生息している（第 3 章 3.3(2) 参照）．

リスの仲間には，半地上生活あるいは地上生活に適応した種もある．シマリスやジリスとよばれるこれらの種は，地中の穴を巣として利用し，冬眠をする習性をもつことが多い．ジリスの仲間は日本には生息していないのでなじみがないが，ペットとして飼育されているプレーリードッグがこれに属す

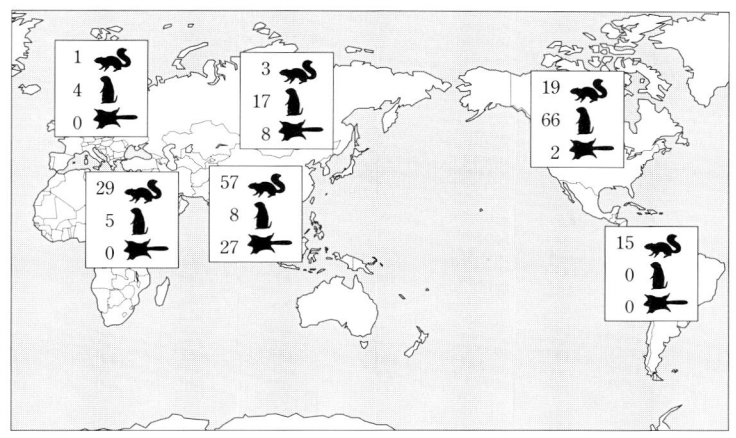

図 1.1 世界各地に分布するリスの種数（Nowak 1991 より）．アイコンと数字は各地域における樹上性リス類，地上性リス類，滑空性リス類の種数を示す．

図 1.2 地上性リス類のオグロプレーリードッグ（*Cynomys ludovicianus*）．

る．リスらしくない丸い体型で，尾や耳が小さく，穴の生活に適した体つきをしている（図 1.2）．地上性リス類は 13 属 100 種が知られ，リス科全体の約 39% を占めている．シマリスやジリスは森林のほか草原や岩場などへも適応しているので，世界各地に広く分布している．とくに草原が広がる北アメリカ大陸に種数が多い傾向があり，全種の 66% を占めている．

飛膜を広げて滑空するムササビやモモンガの仲間もリス科に属する．滑空

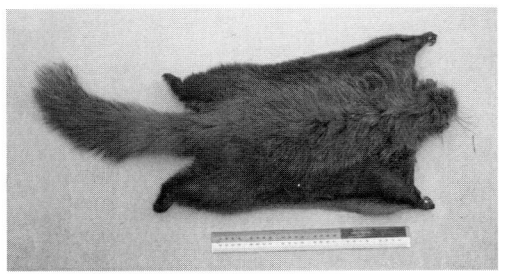

図 1.3 飛膜をもった滑空性リス類のムササビ（*Petaurista leucogenys*）.

性のリス類はいずれも夜行性である（図 1.3）．リス科全体の約 14% にあたる 14 属 37 種が知られている．東南アジアに種数が多く，全種の 73% を占めている．南アメリカやアフリカには，滑空性リス類が生息していないのも特徴的である．

(3) リスの系統進化

リス科は上記のようにおおまかに樹上性，地上性，滑空性の 3 タイプの生活形に分けられているが，それらはどのように進化したのだろうか．古くは，シマリスタイプのような地上性のリスから樹上性のリスへ進化したとする考え方もあった．しかし，これまでに発見されているもっとも古い地上性リス類の化石は中新世のはじめ（約 2500 万年前）で，樹上性リス類の最古の化石（*Protosciurus* 属）に比べて新しい．そこで，現在ではリス科は樹上生活をしていたものから，二次的に地上性の種が進化したと考えられている．しかし，地上性リス類は，北アメリカ，ユーラシア，アフリカ大陸などにそれぞれ分布している．それらの種は，別々の樹上性リスから独自に進化したのだろうか．それとも，もともと樹上性から地上性へ進化した 1 つの系統が，あちらこちらに広がったものなのだろうか．同様に，滑空性リス類においても各地の種は単系統なのであろうか．それとも，それぞれの地域で樹上性リスから別々に進化したのだろうか．

いくつかの種間で，形態的な特徴を詳細に比較する研究は古くから行われてきた．たとえば，中国北部の岩場に生息する *Sciurotamias* 属は，樹上性

リスと地上性リスの性質をあわせもっているため，分類学者の興味の的であった．小さな頬袋があり，岩場の隙間に巣をつくるが，冬眠はしない．側頭骨の突起の形態が北アメリカの樹上性リス *Tamiasciurus* 属と似ているため，両種は近縁であると考えられたり，あるいはオスの生殖器にある陰茎骨の形態がアジアに生息する樹上性リス *Ratufa* 属に類似しているため，*Ratufa* 属は地上性の *Sciurotamias* 属から進化したといわれることもあった．Thorington *et al.*（1998）は 41 カ所もの形態を比較し，*Sciurotamias* 属は *Ratufa* 属や *Tamiasciurus* 属ではなく，北アメリカやシベリアに生息する地上性リス *Tamias* 属に近い形態をもつことを明らかにした．かれらはこの結果から，リス科において「樹上性への進化が各地域で何度も起こった」という仮説を却下した．しかし，こうした形態研究からだけでは，リス科の系統進化の全貌がとらえられるにはいたっていなかった．

　近年，遺伝学的な解析を行うことにより，リス科の系統進化がかなり明らかになった（Mercer and Roth 2003）．それによると，まずすべてのリス科は 5 つのグループに大きく分けられる．すなわち，① *Sciurillus* グループ，② *Ratufa* グループ，③ Callosciurini グループ，④ 地上性リスやアフリカの樹上性リスのグループ，⑤ Sciurini グループ，である（図 1.4）．興味深いのは，滑空性リス類と樹上性リス類が別々のグループに分割されるわけではないことである．樹上性リスの 1 つ Sciurini グループに滑空性リスタイプのすべての種が属するのである．そして，各地に分布する滑空性リス類は単系統で，北アメリカに分布する *Glaucomys* 属も日本やアジア地域に分布する *Petaurista* 属も，樹上性リスの 1 つのグループである Sciurini から滑空生活に進化した 1 つの祖先から分岐してきたと考えられる．

　また，地上性リス類については，アジア，アフリカ，北アメリカに分布するすべての種が 1 つのグループとなった．もちろん，問題となっていた *Sciurotamias* 属も *Tamias* 属と一緒にこのグループに入る．地上性への進化が，各地でバラバラに起こったのではなく，地上に適応した 1 つの祖先が各地に分布を広げたと考えられるのである．このグループはほかのグループとは異なり，開けた草原，砂漠，極地の環境に適応した種類が多いが，不思議なことにアフリカの樹上性リスも含まれる．アフリカのリス類はその生活形にかかわらず，すべて 1 つの祖先系統から分化したということだ．アフリカ

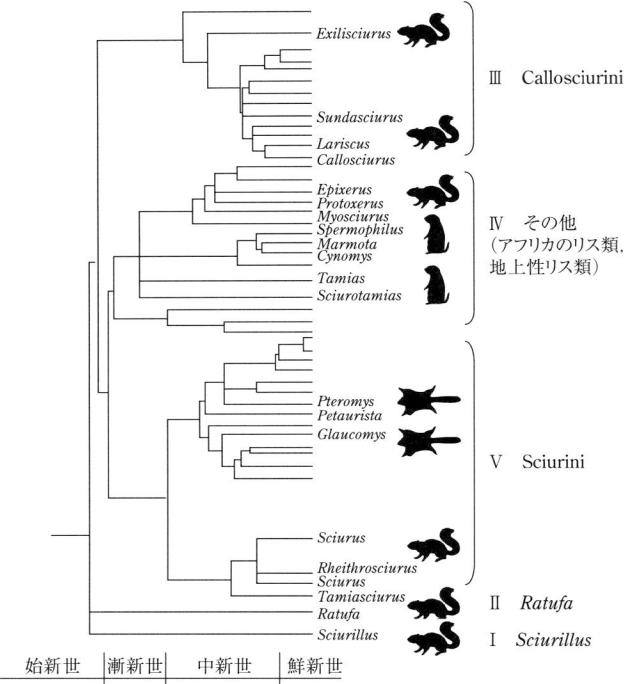

図 1.4 遺伝学的解析によるリス科の系統進化（Mercer and Roth 2003 より）．
本書で出てくるおもな属名のみを記載した．アイコンは3つの生活型（樹上性リス類，地上性リス類，滑空性リス類）を示す．

大陸へ分布を広げる過程で，開けた環境への適応が必須だったのではないかと考えられている．

現在，インドや東南アジアに分布する大型種 *Ratufa* 属や南アメリカに分布する小型の *Sciurillus* 属は，それぞれ単系統で，かなり古い時代に分岐したグループであると考えられる．こうした遺伝学的系統解析は，地史的な大陸の変動や各地域におけるリスの祖先種の化石データから推測される分布拡大のシナリオと矛盾しない．しかし，まだ解析できていない種類もたくさん残っている．今後そうした種類を含めることにより，系統関係の解析がさらに検討される必要がある．

1.2 リスを特徴づける形態

（1）歯

　樹上性リス類は祖先種と共通する生態および形態をとどめているのに対し，ジリス類やムササビ類はそこから二次的に新たな生活環境に適応したグループであると考えられる．したがって，リスらしくない生活様式をもったジリス類やムササビ類も，基本的な形態はリスなのである．まずは，樹上性リスという動物がどんなものなのか概観することにしよう．リスという動物はだれでも知っているはずなのだが，その特徴をあげようとすると，意外と曖昧なイメージしかもっていないことに気づく．そもそも，リスとはどういう動物なのだろうか．リスといえば，堅い種子を食べるはずである．したがって，特殊な歯の構造をもっているのだろうか．

　リスには上下2本ずつの門歯がある．しかし，その外側に上下2本ずつあるべき犬歯はない．サルやヒト，イヌやライオンなどにはある尖った犬歯がなく，その部分がすっぽりと空いている（図1.5）．その隙間の奥に1対あるいは2対の前臼歯と，さらにその奥に3対の臼歯が並ぶというのが一般的なリスの歯である．リスの門歯には歯根がなく，一生伸び続けることができる．したがって，堅い種子を毎日齧り続けると，歯が摩耗して，ついに食べることができなくなるという心配はない．門歯はほかの歯のように白い石灰質でできているが，その表面にはオレンジ色にみえる堅いエナメル質が被さ

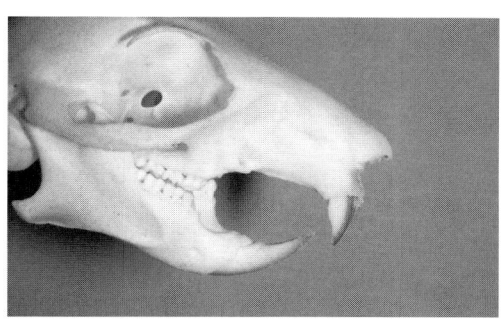

図 1.5　ニホンリス（*Sciurus lis*）の頭骨．

っている．このエナメル部分と石灰質部分の間で摩耗する程度が異なるため，結果的に門歯はノミのような形状になっていく（図1.5）．つまり，齧る行動そのものが，門歯を研ぎ，すぐれた切削道具としてそれを維持することにつながっているのである．以上の特徴は，同じように堅いものを齧るネズミ類にも共通している．

（2）咬筋

それでは，リスとネズミはどこが違うのであろうか．リスもネズミもゲッ歯類（Rodentia）という同じグループに属し，どちらも堅いものを齧ることにとりわけ適応した動物の仲間である．一生伸び続ける門歯は，そうした堅いものを食べる習性を可能にしている．しかし，歯の構造だけでは充分ではない．齧ることに適した顎の筋肉の発達が必要なのである．ネズミもリスも咀嚼のための筋肉の1つである咬筋が下顎から眼窩にまでおよんでいるという特徴がある．眼窩というのは眼球が入っている部分のくぼみである．このような筋肉の構造は，ほかの哺乳類にはみられない．そして，この咬筋がどのように頭骨に付着しているかという形態が，ネズミとリスで大きく異なるのである（佐藤 1998）．

咬筋は外側咬筋と内側咬筋から成り立っていて，このうち外側咬筋はネズミもリスも同様に，眼窩の前まで伸びている．違うのは内側咬筋のつき方である．リスでは，内側咬筋が短く眼窩の前に伸びていないが，ネズミでは眼窩の内側を通り抜けて吻部に付着する（図1.6）．顎をもちあげるための筋肉が長く伸びて，その眼窩のなかを貫通し鼻先までつながっているというのがネズミであり，その眼窩の手前までしか到達していないのがリスということになる．咀嚼するという咬筋の機能を考えた場合，明らかにネズミのように鼻先まで伸びた内側咬筋のほうが有利である．リスの内側咬筋が眼窩のなかに入り込まない形態になっている理由として，樹上生活という三次元的空間利用とのかかわりが指摘されている．樹上生活では，地上生活に比べて，視覚への依存度が高い．枝から枝への移動では，両眼視による距離の把握が重要になる．したがって，眼球が発達した結果，眼窩のなかへの咬筋の侵入が不可能となっている可能性があるということである．

ちなみに，ゲッ歯類にはリス亜目，ネズミ亜目，ヤマアラシ亜目という3

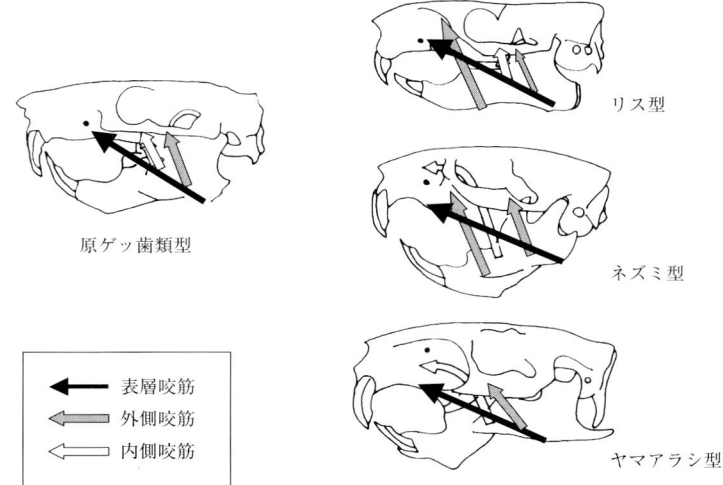

図 1.6 ゲッ歯類における咬筋の形態の違い（佐藤 1998 より）.

つのグループがある．ネズミとリスの違いは内側咬筋の付着部分であったが，残りのヤマアラシはどこが違うのであろうか．ヤマアラシ亜目というのは，身近な動物ではモルモット（*Cavia porcellus*）などがそれに含まれる．モルモットなどでは，内側咬筋はネズミ亜目のように眼窩のなかを通り抜けて前方まで伸びているが，外側咬筋はリス亜目やネズミ亜目と異なり，眼窩の前に伸びていない．そして，この３つのグループの起源と考えられる原始的なゲッ歯類 *Paramys* 属では，外側咬筋も内側咬筋も眼窩の前まで伸びていない．原始的ゲッ歯類でみられた未発達な咬筋が，齧るという生態に適応して，それぞれのグループでより効率的な筋肉の形態に進化したということである．しかし，以上のような咬筋の形態による分類が，系統的な起源をほんとうに反映しているものかどうか，まだ検討の余地が残されている．

（3）尾

リスといえば，ネズミにはみられない，ふさふさの尾が特徴的である．ラテン語でリスを意味する"*Sciurus*"（ニホンリスやキタリスなどが属するリスの属名である）は，古代ギリシャ語で，影という意味の"skia"と，尾と

いう意味の"oura"が組み合わされたものである．つまり，その大きな尾の特徴を示している．ふさふさの尾は，樹上での移動や跳躍で，バランスをとったり，舵の役目を果たしたりする．また，尾の振り方や膨らまし方は，種内のコミュニケーション手段として使われている．意外と知られていないが重要なのは，その体温調節機能である．尾のつけねには血管が集合しており，夏は体温を放散するラジエーターとなる一方，冬は保温に役立つのである（Muchlinski and Shump 1979）．

（4）四肢

樹上での俊敏な移動に欠かせない体の適応として，「ふわふわの尾」のほかに，「特殊な足の構造」があげられる．リスが木から下りてくる姿をよくみると，後肢を後ろに伸ばし，爪をフックのようにひっかけている．リスは後肢を180度自由に回転させることができるのだ（Jenkins and McClearn 1984）．このような柔軟な足首をもつため，後肢で枝にぶら下がって枝先の餌を食べることも簡単である（図1.7）．

リスの前肢には第2指から第5指までの4本の指，後肢には第1指から第5指までの5本の指があり，木に上り下りする際に長い爪を樹皮にひっかける．前肢の第1指は，退化して爪がなく肉球のみが発達している（図1.8）．

図1.7 後肢を180度後ろへ向けて枝にぶら下がるクリハラリス（*Callosciurus erythraeus*）（山本成三氏撮影）．

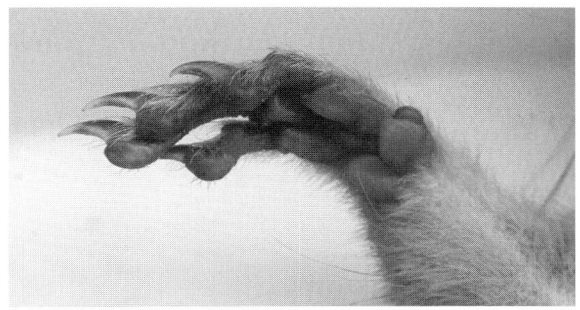

図 1.8 前肢第 1 指の肉球は餌を両手ではさんでもつのに適している．

この肉球があるため，食べものをしっかりと両手ではさんで固定し，堅い種子を齧ることができる．

（5）視覚

　リスは昼間活動し，樹上を移動し，木の実を餌とする暮らしをしている．そのため，ほかの哺乳類と比べて色覚が発達している．リスの網膜には，桿状体と錐状体の 2 タイプの視細胞がある．桿状体は明暗を感知するための細胞で，これによって薄暗い森林のなかでも視覚を最大限活用できる．多くの樹上性リスは通常，暗い時間に活動性は弱まるが，交尾の日の早朝，まだかなり暗い時間からオスが動き出すこともある．

　一方，錐状体は色彩を感じるために必要な細胞である．北アメリカにすむトウブハイイロリス（*Sciurus carolinensis*，以下ハイイロリスとよぶ）では，赤と緑の識別が可能であり，それはマツボックリ（マツ類の球果）の未熟な色（緑）と成熟した色（赤褐色）を判別するリスの採食行動において重要であることが明らかになっている（MacDonald 1992）．3 種の樹上性リス類，クリハラリス（*Callosciurus erythraeus*），アメリカアカリス（*Tamiasciurus hudsonicus*），キタリス（*Sciurus vulgaris*）において，無彩色である灰色に対して赤，青，緑の 3 色を識別できるかどうか，実験環境下で調べた研究によると，クリハラリスでは 3 色すべて，アカリスでは青のみ，キタリスでは緑と青で識別が可能であることが明らかになっている（佐藤 2004）．生

図 1.9 魚眼レンズのように突出した眼球は前方，後方，上方の広い視野をもつ．

息環境や利用する餌種の違いが色覚の発達度合いにどのように影響しているのか興味深い．

　枝から枝へ飛び移る樹上での移動において，瞬時につぎに渡る枝までの距離を推定する必要がある．距離感を得るには，両目での立体視が必須である．そのため，サルのように両目が前方に向くことが好適である．一方で，後方や上方からくる天敵を察知するために，広い視野も欠かせない．その結果，リスの眼球は魚眼レンズのように突出し，前方，後方，上方まで幅広い視野をもつことになる（図 1.9）．

1.3　日本に生息するリス類

（1）樹上性リス類

　日本列島には，北海道にキタリス（*Sciurus vulgaris*），本州と四国にニホンリス（*Sciurus lis*）の2種の樹上性リスが生息している．キタリスは北海道だけではなくユーラシア大陸北部に広く分布する．北海道にいるキタリスを亜種として区別し，エゾリス（*Sciurus vulgaris orientis*）とよぶこともある．一方，ニホンリスは日本固有種で，国外に生息地はない．以前はニホンリスの分布地として，九州や淡路島も記載されていたのだが，近年ではこれ

図 1.10　北海道のキタリス（*Sciurus vulgaris*）
（上山剛司氏撮影）．

図 1.11　ニホンリス（*Sciurus lis*）．

らの地域での生息が確認されていない（阿部 2008）．キタリスは頭胴長 22-27 cm，体重 300-410 g であるのに対して，ニホンリスは頭胴長 16-22 cm，体重 250-310 g であり，ひとまわり小さい．両種とも，冬毛では耳にふさ毛が生えるが，キタリスではそれが 4 cm にも達し，めだつ（図 1.10，図 1.11）．

リス類では，毛色は一般に個体差が大きい．キタリスでは夏毛は赤褐色，灰褐色，黒褐色であるが，冬毛ではやや淡い灰褐色の個体が多い．ニホンリスでは，夏毛は赤褐色や灰褐色で四肢のつけねや脇に橙色の部分がある．冬毛は淡い灰褐色の個体が多い．両種とも腹部はつねに白い．ニホンリスでは目のまわりに白っぽい縁取りがある．両種とも昼行性であり，樹上に枝などを集めて球状の巣をつくったり，樹洞を利用する．冬眠はしない．

キタリスとニホンリスは染色体数がともに $2n=40$ で，核型構成も等しい．チトクローム b 遺伝子の塩基配列では置換率が約 6% とされ，分岐年代はおよそ 340 万年前と計算されている（押田 1999）．比較的新しく分岐した種類であることから，対馬海峡あるいは津軽海峡の形成にともない，ニホンリスが本州以南に隔離されて種分化を遂げたとされている．

キタリスとニホンリスが属する *Sciurus* 属は 28 種に分けられ，ヨーロッパ，ロシア，中東，中国北部，日本，アメリカ大陸など，おもに冷温帯域の森林に広く分布する．このうち，25 種がアメリカ大陸に分布し，残りのわずか 3 種がヨーロッパを含め，ユーラシア大陸に分布する（Nowak 1991）．チトクローム b 遺伝子の解析によると，解析に用いたアメリカ大陸の 4 種は近いグループとしてまとめられ，ニホンリスとキタリスも近いグループとしてまとめられた．しかし，トルコなど中東地域に分布するペルシアリス

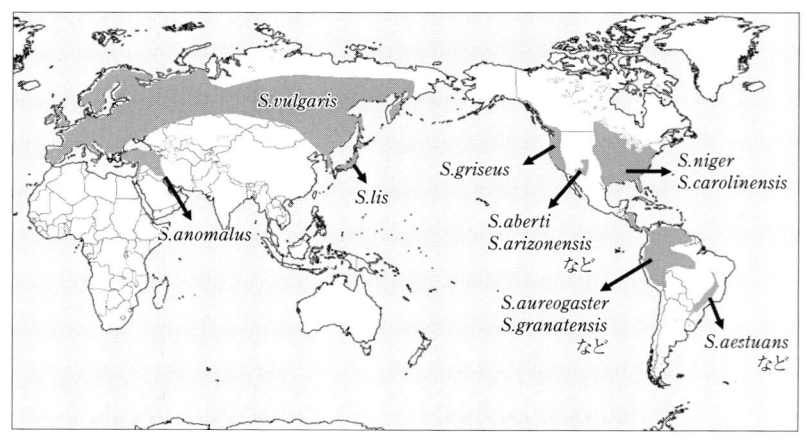

図 1.12 *Sciurus* 属の分布図（Gurnell 1987 より）．

(*Sciurus anomalus*) は，ユーラシア大陸のグループよりもアメリカ大陸のグループに近いことが明らかになった（Oshida *et al.* 2009；図1.12）．このことから，*Sciurus* 属は旧大陸でもともと分化し，その一部が新大陸へ渡ったのち，鮮新世から更新世ごろに適応放散して多様な種に分かれたものと考えられている．

（2）地上性リス類

日本には，北海道にシマリス（*Tamias sibiricus*）が1種分布するのみである．本州以南の地域には地上性リス類が生息していない．シマリスは北海道だけではなく，ユーラシア北部一帯に広く分布する．北海道のシマリスを大陸産のものと区別して，エゾシマリス（*Tamias sibiricus lineatus*）と亜種名でよぶこともある．頭胴長は12-15 cm，体重71-116 gである．背中に5本の筋がある（図1.13）．樹上性リス類と異なる点は，頰袋をもち，種子をまとめて運んで，巣穴などに貯蔵することである．また，樹上に巣をつくるのではなく，木の洞や地下の穴を利用する点も異なる．さらに，冬季は地下の巣で冬眠して過ごすのも，樹上性リス類との違いである．

Tamias 属には25種が含まれ，北アメリカ大陸およびユーラシア北部に分布する（Nowak 1991）．そのうち21種についての系統解析が，ミトコンドリアのチトクローム酸化酵素によって行われた（Piaggio and Spicer 2000）．その結果，ユーラシア大陸に分布するシマリス（*Tamias sibiricus*）とアメリカ大陸東部に生息するトウブシマリス（*Tamias striatus*）の2種が，その

図 1.13　北海道のシマリス（*Tamias sibiricus*）．

ほかの北アメリカ各地に生息する19種とは異なるグループに分かれることが明らかになっている．

（3）滑空性リス類

日本に生息する滑空性リス類は3種である．北海道にはタイリクモモンガ（*Pteromys volans*），本州，四国，九州にはニホンモモンガ（*Pteromys momonga*）とムササビ（*Petaurista leucogenys*）が生息する．タイリクモモンガはユーラシア北部一帯に分布する．北海道に分布するタイリクモモンガを亜種名エゾモモンガ（*Pteromys volans orii*）とよぶこともある（図1.14）．頭胴長15-16 cm，体重81-120 g，夏毛は淡い褐色，冬毛は淡い灰褐色である．一方，ニホンモモンガは頭胴長14-20 cm，体重150-220 gとひとまわり大きい．毛色はタイリクモモンガよりも濃く，夏毛は茶褐色，冬毛が灰褐色である．両種とも腹部は白色である．タイリクモモンガは乳頭数4対だが，ニホンモモンガは5対である．両種とも，前肢と後肢の間に飛膜がある．

ムササビは日本最大のリスであり，頭胴長34-48 cm，体重700-1000 gである．前2種と異なり，前肢と後肢の間だけではなく，前肢と首，後肢と尾の間にも飛膜が発達している．滑空性リス類3種はいずれも夜行性である．樹洞を巣として利用する．

タイリクモモンガとニホンモモンガは染色体数はともに$2n=38$だが，核型構成に違いが認められている（Oshida *et al.* 2000b）．チトクローム*b*遺伝

図1.14　北海道のタイリクモモンガ（*Pteromys volans*）（浅利裕伸氏撮影）．

子の解析結果から，両種の置換率は約 13% であり，分岐年代は約 1020 万年前と算定された（押田 1999）．したがって，エゾリスとニホンリスが分岐した時代よりも古く，モモンガ 2 種が分岐したことになる．世界で *Pteromys* 属は上記 2 種のみ，*Petaurista* 属は中国，日本，東南アジア一帯に 6 種が分布する（Nowak 1991）．分子系統学的な解析ではこの 2 つの属はきわめて近く，約 2800 万年から 3600 万年前ごろに分かれたものと考えられる．両属の祖先はユーラシア大陸一帯に分布していたが，更新世中期以降，*Petaurista* 属は南に分布を広げ，*Pteromys* 属は中北部に分布を広げたと考えられている（Oshida *et al.* 2000a）．

（4）外来種

このほか，日本には少なくとも 3 種（あるいは 4 種）の外来種が定着している．そのうちの 1 つがクリハラリス（*Callosciurus erythraeus*）である（図 1.7）．一番はじめに日本でクリハラリスが野生化したのは，東京都の伊豆大島であるといわれている．戦前，東海汽船が台湾から購入し，1935 年 11 月に泉津村の自然動物園で飼育されていた約 30 個体が逃亡した（宇田川 1954）．そのほか，元村動物園から逃亡したものや島民のペットが逃げたものなども混在しているらしい．1950 年代には，全島いたるところでみられるようになった．伊豆大島で定着したクリハラリスは，1951 年に神奈川県の江ノ島植物園に，また 1954 年に和歌山県友ヶ島へも再導入された（柴田 1971；朝日 1961）．そこで，台風によって飼育ケージが破損し，逃げた個体がまた野生化した．このほかにも，何カ所かでクリハラリスが飼育され，のちに野生化するという事例があいつぎ，現在では日本国内の少なくとも 13 カ所でクリハラリスが生息している．野生化が報告されている地域は，東京都伊豆大島，神奈川県湘南地域，静岡県東伊豆町，浜松市，岐阜県金華山，和歌山県和歌山城，友ヶ島，大阪府大阪城，兵庫県姫山公園，大分県高島，長崎県壱岐，福江島，熊本県宇土半島である．

クリハラリスはもともと台湾だけではなく，中国南部，海南島，インドシナ半島，マレー半島まで広く分布する種である．この和名は腹の毛色が赤茶色（栗色）であることに由来する．しかし，日本ではこれまで「台湾からきたリス」という意味で，タイワンリスという名前が定着してしまっている．

本書のなかでは正式な和名，クリハラリスを使うことにする．リスの毛色は個体差や地域差が多く，台湾南部のクリハラリスの腹は灰色であるが，台湾中部や北部のクリハラリスは腹が赤い．しかし，台湾に分布する種は毛色にかかわらず，クリハラリス1種である（林・陳 1999）．ニホンリスとの外見的な違いは，腹の毛色のほか，冬毛でも耳にふさ毛が生えないことである．また，体重は 320-380 g で，ひとまわり大きい．

最近，浜松市で野生化し，クリハラリスと思われていた個体を，遺伝学的に調べてみたところ，それと近縁なフィンレイソンリス（*Callosciurus finlaysonii*）のミトコンドリア DNA ゲノムをもつことが確認された（押田 2007）．このことから，日本における新たな外来種フィンレイソンリスの定着の可能性，あるいはクリハラリスとフィンレイソンリスの交雑個体の存在の可能性が示唆された（藏本ほか 2009）．

ペットショップで古くから販売されているシマリスは，韓国から輸入されるものが多かったため，チョウセンシマリスともよばれる．ペットとして飼われていたシマリスが逃げて，各地で野生化が報告されている．1989 年の調査で，北海道，東北，関東，中部，近畿，四国，九州各地方を含む25都道府県で野生化が報告されている（環境庁 1993）．なかでも，北海道には在来のシマリス（エゾシマリス）が生息している．そのため，大陸から異なる亜種が移入され野生化すれば，交雑による遺伝子の攪乱（交雑することによって，本来の遺伝的な独自性が失われること）が危惧される．札幌市内などでは，大陸産のシマリスがすでに野生化しており，両者の関係が心配されている．しかし，大陸産のシマリスとエゾシマリスは外見で区別が不可能であるため，問題が明らかになっていない．

本来，本州には分布していないキタリスが埼玉県の狭山丘陵で確認された（繁田ほか 2000）．1986 年に狭山丘陵でリスが確認されたが，当時はニホンリスと思われていた．しかし，1990 年代に轢死した個体の毛色がニホンリスと少し異なること，大型であることなどから，DNA 鑑定することにした．その結果，ニホンリスではなく，キタリスであることが判明したのである（Oshida and Masuda 2000）．キタリスとニホンリスは遺伝的に近縁であるため，今後，野生化したキタリスの分布が広がれば，遺伝子の攪乱が起こりうる．こうした事例が各地で起これば，日本固有種であるニホンリスの存続が

危ぶまれる．キタリスとニホンリスが外見上区別しにくいため，発見が遅れてしまうことも危惧される．

第 2 章　社会構造
——配偶システムと利他行動

2.1　リス類の配偶システム

（1）研究のはじまり

　私の最初の研究テーマは，リス類の配偶行動であった．東京都立大学（現・首都大学東京）学部 3 年の終わりころだった．卒業研究のテーマを決めるために，動物生態学研究室の宮下和喜教授を訪ねたとき，神奈川県の鎌倉で野生化している外来種クリハラリス（*Callosciurus erythraeus*）でもやってみないかといわれたのがはじまりである．クリハラリスというのは，通称タイワンリスともよばれ，もともと台湾や中国に生息するリスのことである．それが，最近，日本にもちこまれ，野生化しているというのだ．じつは，最初私が訪ねたとき，動物生態学研究室は野外調査が多いため，女性は無理であるといわれた．しかも，私は「哺乳類の研究がしてみたい」といったので，なおさら「うちの研究室では無理だ」と断られてしまった．いまでこそ，動物生態学の分野に女性の学生は多いが，実際 1980 年代，とくに哺乳類の生態研究の分野で女性はかなり少なかった．しかし，どうしても哺乳類の生態研究をやりたかったので，何度も研究室を訪ねた．その末にようやく出された課題だったのだ．宮下教授は『帰化動物の生態学』などの著書で知られるとおり，当時はまだ一般的ではなかった外来生物の研究に取り組んだ草分け的存在である．そのため，もともと日本にはいないクリハラリスという動物が，どのように日本に定着していくのかといった観点から，このテーマを出されたのだと思う．しかし，私はあまり深く考えることもなく，ただ哺乳

類の観察ができればよいと思っていた．とてもうれしくて，つぎの日には教えられた鎌倉の山林にクリハラリスをみに出かけた．

私は，このときはじめてクリハラリスをみた．これまで山で出会ったことがあるニホンリスとは違って，どことなく愛嬌があり，太々しい印象のクリハラリスであった．しかも，けっこうたくさんいるらしく，観察もできそうである．これは，おもしろそうだと思った．野生動物は普通警戒心が強く，山を歩き回っていてもなかなか実物にお目にかかることはできない．それがこんなに人前に平気で出てくるとは，とても驚いた．私は当時，日本の霊長類学にあこがれていた．1個体ずつサルの特徴を識別し，個体ごとに行動を記録する研究をぜひやってみたいと思っていた．だから，卒業研究のテーマが個体を観察できる対象であることがとてもうれしかった．教授に「観察できそうなので，ぜひ鎌倉のクリハラリスをやらせてください」と報告にいった．おそらく，仕方なくであったと思うが，宮下教授は許可してくれた．

そうと決まれば，たくさん観察データをとればよいのだろうと思い，毎日，鎌倉へ出かけた．1週間ほどしたある日，森に入ると，いつもと違うワサワサとした雰囲気に包まれた．十数個体のリスが木から木へと忙しく跳び回り，奇怪な声を発している．私の耳には「コキコキコキコキ」と聞こえる．あちらこちらから，この「コキコキコキコキ」がひっきりなしに響いてくる．じつに奇妙な世界に入り込んでしまったような気分になった．それというのも，私が調査地として通っていたのは，佐助稲荷神社という古い社だったからだ．何十本もの朱塗りの古びた鳥居をくぐりながら，山へ続く階段を上った先にあるこの社には，早朝だれもいない．そこからさらに山へ登ると，ハイキングコースになっていて，日中は遠足の子どもたちがにぎやかに通るのだが，やはり早朝はだれもいない．鬱蒼とした照葉樹の林のなかで活発に動くものは，クリハラリスばかりである．そこで，ひとり双眼鏡をもち，周囲の木々を跳び回るリスの「コキコキコキコキ」を聞いていると，別世界に入ってしまったような妙な気分になってくる．

それでもじっとみていると，そのなかの1個体が「クユークユー」という艶かしい声をあげながら走り抜け，その後を3-4個体のリスが猛然と追いかけていった．前を走り抜けたリスが突然ピタリと止まると，後から追いかけてきた3-4個体のうちの1個体がいきなり交尾をした（図2.1）．しかし，

図 2.1 クリハラリス (*Callosciurus erythraeus*) の交尾 (山本成三氏撮影).

寄ってくるほかのリスが気になるらしく，すぐにまたほかのリスを追い払いにかかる．そのすきに，前にいたリスはまた「クユークユー」と鳴きながら逃げていく．これがしばらく続いていた．どうやら「クユークユー」と鳴いているのはメスで，追いかけていくのはオスたちらしい．この間「コキコキコキコキ」という声がお囃子のようにまわりで続いているのである．いったい何個体くらいいるのかわからないが，派手なさわぎの交尾である．昼過ぎまでこのさわぎは続いていたが，15時ごろになると鳴き声もまばらになり，木の実など餌を食べている個体もいた．そしてしだいに声も途絶えた．翌日は，しかし，水を打ったように静まり返り，昨日の喧噪が嘘のようである．このように，メスが発情し交尾を受け入れる1日に，複数のオスたちが交尾のチャンスを狙って集まる，いわゆる「交尾騒動」が繰り広げられるのがリス類の配偶行動の特徴の1つである．このことは，後で文献を読んで知った．

(2) 一夫一妻制のリス

リスの仲間では，圧倒的に乱婚制の種が多い (田村 1991)．とくに樹上を

生活の場として利用する樹上性リス類では，これまでに配偶行動が研究されている種のすべてが乱婚制である．といっても，これまでに研究されているのは北アメリカやヨーロッパに分布する種が多い．異なる地域に分布する樹上性リスを調査すれば，また違った配偶システムが報告されるかもしれない．一方，地上性リスの仲間では，乱婚制のほか，一夫一妻制あるいは一夫多妻制も知られている．アラスカの高地草原にすむシラガマーモット（*Marmota caligata*）という種は大型のジリスで，体重9kgにもなる．餌が乏しい環境に生息しているため，メスは大きななわばり（テリトリー）をもち，隣接個体は離れて暮らしている．オスが何個体ものメスと交尾するためには，広大な地域を見回ってなわばり防衛しなくてはならず，それには大きなコストがかかる．その結果，1個体のメスとだけ交尾するという配偶システムになるらしい（Holmes 1984）．

　上記のシラガマーモットと近縁な種であるキバラマーモット（*Marmota flaviventris*）やオリンピックマーモット（*Marmota olympus*）では，餌が比較的豊富な環境に生息しているため，血縁関係にあるメスどうしが近接して暮らす．そのため，オスはほかのオスとの競争に勝つことができれば，近接してすむ複数のメスと交尾することができる．一方，争いに負ければ，1個体のメスとも配偶関係をもつことができない．1個体の優位なオスと複数のメス，その子どもたちから構成される，いわゆる「ハレム」が形成される．つまり，一夫多妻制の社会になっているのである（図2.2）．

図 2.2　アルプスマーモット（*Marmota marmota*）．

ハレムのなかのメスの数は1個体から7個体まで報告されている（Downhower and Armitage 1971）．ハレム全体で数えれば，メスの数が多くなれば子どもの数は増える傾向にある．しかし，メスごとにみてみると，1個体のメスしかいないハレムでは，メスあたりの子どもの数がもっとも多く，メスの数が増えるにつれて，1個体のメスあたりの子どもの数は減るという．したがって，メスにとってみると，1個体のオスと1個体のメスからなるハレム，つまりシラガマーモットのような一夫一妻制が都合よいはずである．一方，オスにとってみれば，近くにメスがたくさん生息しているのならば，できるだけ多くのメスと交尾するという行動が好ましい．この「好ましい」という意味は，自分の遺伝子を多く残すという意味での話である．このように，メスにとって自分の遺伝子を多く残そうとする行動と，オスにとってのそれとは必ずしも一致するわけではない．これが配偶行動のおもしろいところなのである．そのため，配偶システムは種ごとに決まりきった固定的な型をもつのではなく，環境条件や個体のかけひきで，バリエーションがみられるのである．

（3）乱婚制のリス

話を樹上性のリスにもどそう．確かに，樹上性リス類では，乱婚制しか報告されてはいない．しかし，この乱婚制にもバリエーションがある．アメリカ大陸北部の針葉樹林にすむアメリカアカリス（*Tamiasciurus hudsonicus*；図2.3）やダグラスリス（*Tamiasciurus douglasii*）は，オスもメスも普段は別々のテリトリーをつくって，単独で暮らしている．ダグラスモミやロッジポールマツなど北方の針葉樹林では餌の種子が結実する時期は限られているため，この時期に1年分の種子をテリトリーの数カ所にまとめて貯える．この貯食場所を侵入者から防衛するために，かれらのなわばり防衛行動は発達している．しかし，メスが発情すると一時的になわばり防衛が解除され，周辺に生息する5-6個体のオスがメスのテリトリーに侵入してくる．メスが交尾を受け入れる日に，これらのうちで，もっとも優位なオスが，ほかのオスを追い払いながらメスにつきまとい，ほとんどすべての交尾を独占しようとする．激しい追いかけ合いの途中，劣位のオスもメスと交尾するわずかなチャンスを狙っており，実際，そうした盗み交尾も観察されている．あ

図 2.3　アメリカアカリス（*Tamiasciurus hudsonicus*）．

る調査によると，最優位のオスが交尾時間の 95% もメスを独占していたという（Koford 1982）．この場合，乱婚制とはいっても，かなり一夫一妻制に近い配偶システムである．

　ヨーロッパのキタリス（*Sciurus vulgaris*）では，2 から 4 個体のオスが交尾騒動に参加し，観察した 26 回の交尾騒動のうちわずか 3 回において複数のオスが交尾したが，その大半にあたる 23 回では 1 個体のオスだけが交尾をした（Wauters *et al.* 1990）．観察された交尾のうちの 83% は，年齢が高く体重の大きいオスであり，かれはメスに付き添って，ほかのオスを追い払う「防衛リーダー戦略」をとっていた．一方，そうしたリーダー戦略オスが交尾を何回か繰り返し，立ち去った後に，それに引き続いてメスと交尾をする「辛抱戦略」もあり，これが交尾全体の 10% を占めた．さらに，残りの 7% はリーダー戦略のオスがメスを追跡しているわずかなすきに交尾を行う「盗み交尾戦略」であった．このようにオスは，自分の社会的順位によって行動を変え，異なる交尾戦略をとっている．どんな社会的状況にいても，少しでも自分の子孫を残そうとするたくましい行動である．

　北アメリカの広葉樹林に生息するハイイロリス（*Sciurus carolinensis*）では，4 から 9 個体ものリスが交尾騒動に集まり，このうち 3 個体以上のオスが交尾することが確認されている（Thompson 1977；図 2.4）．もっとも順位の高いオスが交尾時間の約 80% を独占した．ハイイロリスの交尾では，

26　第2章　社会構造——配偶システムと利他行動

図 2.4　ハイイロリス（*Sciurus carolinensis*）（Dr. J. Koprowski 撮影）．

　メスのそばで積極的にメスを追跡するタイプと，周囲に潜んでいてこっそりと交尾する2タイプの行動がオスにみられ，年齢が3歳以上になるとメスを積極的に追跡して交尾成功率を上げるが，それ以前の若い個体は，周囲に潜み，機会を狙う盗み交尾によって，少ない確率ではあるが，交尾のチャンスを得ようとしているらしい（Koprowski 1993）．

　アベルトリス（*Sciurus aberti*）は，同じ北アメリカに分布しているが，ポンデローサマツなどの針葉樹林に適応した習性をもつ．かれらは，6から11個体ものオスが交尾騒動に参加し，このうち，2から6個体が実際に交尾をした（Farentinos 1980）．もっとも順位の高いオスが全体のわずか35%の時間しかメスを独占しなかったのであるから，前2種の *Sciurus* 属に比べると，優位オスの独占時間は短い．

　このように，樹上性リス類でみられる1個体のメスが複数のオスと配偶する乱婚制のなかには，ほとんど1個体のオスが独占するものから，最高6個体のオスと交尾するものまで，多様な配偶様式がみられたわけである．乱婚制と一言でいっても，オスやメスの行動は，状況に応じてもっとも効率的な行動をとるように変化する可能性がある．盗み交尾がみられるということは，メスがどう立ち振る舞うかによって，交尾できるオスの数はかなり変化に富むことになる．メスが盗み交尾するオスとの交尾を許容する行動をとれば，より多くのオスが交尾をすることになるし，盗み交尾を拒み続ければ，順位

の高いオスだけが交尾を独占することになる．樹上性リスの配偶システムでは，オスどうしの優劣関係と同時に，メスによる配偶者選択も重要なカギになっていると予想される．

（4）ニホンリスの配偶システム

日本にはもともとニホンリス（*Sciurus lis*）という種類の樹上性リスがいる．ニホンリスは，これまで研究されてきた欧米の *Sciurus* 属のリスと同じグループに属する．ニホンリスの配偶システムはどうなっているのだろうか．ニホンリスの交尾行動は，論文にこそ発表されてはいなかったが，大阪市立大学の加藤順さんが日本生態学会で口頭発表した記録があった．その講演要旨をみると，「交尾期に発情したメスは集まって来た複数のオスと交尾した」と書かれている．さっそく，加藤さんが調査地としていた長野県軽井沢町に行ってみることにした．

調査地付近にはホテルや別荘があって，餌台をつくって餌付けしている場所もある．早朝，歩いているとニホンリスを多くみかけた．5日間の滞在中，運よく交尾騒動に遭遇することができた．見慣れているクリハラリスの交尾とは違い，あまりやかましい声はしない．早朝6時20分ごろ，高いチーチー声とともに，激しい追いかけ合いに気づいた．1列になって2-3個体のリスが走り抜ける様子から，交尾騒動だとわかる．左耳がギザギザに破れているオス（便宜上 No.1 オスと名付ける）がメスのそばに付きまとい，そのまわりに寄ってくる2個体のオスを追い払っている．追い払ったのちにメスのそばへ寄っていき，キュルルキュルルと鳴く．7時25分，メスに交尾をしようとしたが，すぐに別のオスのじゃまが入る．チーチーという声とともに，こうした追いかけ合いがしばらく繰り返される．ときおり，追いかけ合いが静まり，餌を食べている個体もいるが，どこかで追いかけ合いが始まると，寄っていってそれに加わる．8時44分，メスがハルニレの木で餌を食べている横で，No.1 オスと別のオスが3個体一緒に餌を食べ始める．8時50分，突然，追いかけ合いが開始されて，No.1 オスはメスたちを見失う．少し離れた場所で，いままでと違う尾が切れた小さめのオス（No.2 オス）がメスを追い，グジュグジュチューと小さい声で鳴きながら付きまとう．すぐに No.1 オスや別のオスがきて，3個体で追いかけ合い．9時40分，No.2 オス

とメスは2個体で木の上へ移動し，残ったボサボサの尾のオス（No.3オス）がキュルルキュルルと鳴く．木の上で交尾があったが，9時47分，再び3個体で追いかけ合い．これがしばらく繰り返され，オス3個体とメスが追いかけ合いを続けた．11時00分，オスたちは静まり，以後，追いかけ合いや声は途絶えた．けっきょく，メス1個体に対して少なくとも3個体以上のオスが参加する交尾騒動であり，6時から11時までの5時間のなかで，最初に交尾したNo.1オスが全体の57％の時間を独占したことになる．そして，No.1オスは最後まで交尾騒動から立ち去ることはなかった．ニホンリスも含め *Sciurus* 属のリスは，順位の高いオスが劣位オスを追い払い続けるという実力勝負でメスを獲得するやり方が，一般的であるようだ．

その後，大阪市立大学の西垣正男さんが長野県でニホンリスの社会構造を調査し，配偶行動を報告している（西垣2001）．長野県では2-3月に交尾期に入る．この時期，優位なオスは普段よりも2.7-3.8倍も行動圏を拡大し，配偶行動に参加したが，劣位のオスは通常と同じ行動圏サイズにとどまっていた．ニホンリスではオス間の優劣が配偶成功に大きく影響することが示唆されている．

2.2　クリハラリスの交尾騒動

（1）調査方法の確立

いろいろな文献を読んでいくと，リス類の配偶システムの特徴はみえてきたが，それにしても私がクリハラリスでみた交尾騒動はかなり異質であった．少なくとも，集まっているオスの数は10個体を軽く超えているようにみえる．はたして，オスはそんなにたくさん集まっているのだろうか．どれも同じにみえるクリハラリスを個体識別して，何個体集まっているのか，どのオスがどれだけメスとの交尾を独占しているのか，きちんと確認する必要がありそうだ．

最初は，伝統的なニホンザルの個体識別に習って，顔や体の特徴をよくみて覚えようとした．確かに，よくみると尾の長さや毛色やかたちには特徴があった．そうして10個体近く識別できるようになった6月，思わぬ事態が

起きた．換毛が始まったのである．2カ月かけて覚えた個体が，どんどん毛変わりし，まるでわけがわからなくなってしまった．動物だから，毛変わりするのはあたりまえだが，研究を始めて1年目の初心者であった私には，思いもよらなかった．そこで，識別するためには一度クリハラリスを捕獲し，標識を付けるしかないとわかった．

しかし，リスはどのように捕獲すればよいのだろうか．クリハラリスが増加している伊豆大島では，特産品の椿油の原料となるツバキの種子をリスが食べてしまう被害が多く，捕獲して駆除しているという．そこで，どのように捕獲しているのかを聞いてみた．市販のネズミ採り用カゴワナを木の上に固定し，サツマイモなどを餌にして捕獲するということだった．さっそく，500円ほどのネズミ採りワナを購入した．ただし，市販のカゴワナはドブネズミやクマネズミを捕獲するためのもので，同時に何個体も捕獲できる友釣り機能が付いている．ビンドウのような侵入口が上部にもあり，無数の尖った針金が下に向かって突き出ている．この構造によって，侵入は可能だが，脱出は不可能となっている．駆除するためならば，これでよいのだが，生態調査のためには，この針金が捕獲個体を傷つけてしまうので，都合が悪い．上部の侵入口をふさぎ，尖った針金を取り除いて，改造した「安全なカゴワナ」をつくって設置することにした（図2.5）．餌は，最初サツマイモをやってみたが，においの強い餌に誘因力があることから，バナナや油揚げを利用することにした．

図 **2.5** ネズミ採りを改造したカゴワナ．

鳥類では個体識別のために足輪を装着する．家畜では耳タグなどが使われている．ネズミ類の野外調査では，指切り法などが一般的である．サルでは入れ墨などの方法も使われていた．リスは木に登るから指を切ることによる行動への影響が心配であるし，全身毛に包まれていて入れ墨できそうな場所は見当たらない．足輪は自分の歯や爪でかきむしり，怪我をする可能性も考えられたため，首輪を装着することにした．最初は皮革で手づくりしたが，伸びたり切れたりして，2-3カ月しかもたなかった．そこで，ステンレスにカラービーズを通してつくったものに切り替えてみた（図2.6）．これは軽くて違和感がないらしく，装着後ほとんど気にするような行動はみられなかった．ただし，成長途上の若い個体には首輪はできない．そうした若い個体には，耳介に革細工用の小型パンチで小さな切り込みを入れて識別した．

捕獲したリスを保定する器具の工夫も必要であった．最初はエーテルによって麻酔をして，首輪を装着するなどの作業を試みた．しかし，とくに興奮している個体が急激にエーテルを吸い込むと，ごくまれに死亡することがあった．また，麻酔によって完全に動かない時間はわずか1-2分であり，けっきょく，だれかにリスを押さえていてもらわないと，安心して作業が終了できないという状態だった．そこで，麻酔によらずリスの動きを止める保定器具をつくることにした．最初の作品は木製で，リスの首をはさんで固定するギロチン台のような形状のものであった．ところが，首をはさまれたリスは強い後肢で暴れまくり，静止させることは困難だった．そのため，全身を保定する金網をつくることにした．これは4枚の金網で構成され，それらが蝶番によって結合しているため，その角度によって，リスを適当な強さではさみ込むことができる（図2.7）．金網の入口と出口は布製で，リスをワナか

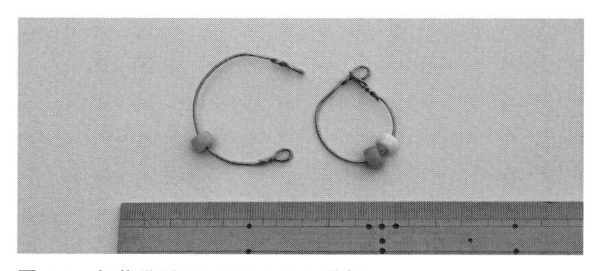

図 2.6　個体識別用のステンレス首輪．

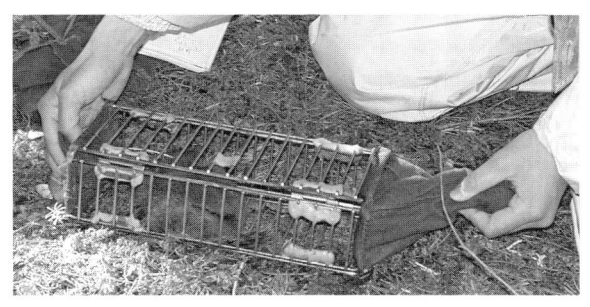

図 2.7 捕獲個体をはさみ込んで保定する器具.

ら保定器に誘導することが可能となっている．また，作業が終われば，布を縛っていたヒモをはずすだけで，速やかに放逐できる．金網の隙間は 1.5 cm の幅とし，私が指を差し込み，首輪を装着するなどの作業ができる．このはさみ込み保定器によって，操作中に死亡するリスもなくなり，ひとりで捕獲後の標識装着作業ができるようになった．

このように試行錯誤すること 1 年，卒業研究が終わるころになって，ようやく調査のための手法ができあがった．さて，これからいよいよ研究本番である．だから，私は就職も考えずにそのまま研究室に残してもらいたいと申し出た．たぶん，またもや指導教官はしぶしぶ，大学院の修士課程に進むことを許可してくれた．修士課程の研究テーマは最初から決まっていた．クリハラリスの続きをやることである．

（2）秩序正しい乱婚制

このように研究生活最初の 1 年目はあっというまに過ぎていったが，むだであったわけではない．観察を繰り返すことで，どの時間帯にリスが活動するのか，どういうルートで移動するのか，どんなものを餌としているのか，といった基本的な生態データを蓄積し始めることができたからである．クリハラリスの交尾騒動はその後も何度かみたが，どうやら，春から夏がもっとも多い．秋や冬にもみられたが，けっして頻繁ではなかったから，集中してデータをとるとすれば春先がもっともよい．そこで，3 月になると，毎朝 4 時の始発で鎌倉に通って，交尾騒動を探す生活を開始した．運よく交尾騒動

らしい場所をみつけたらそこで待機し，どのメスが発情しているのか，どのオスが集まってきているのか，そのうちどのオスがメスと交尾しているのかを徹底的に観察した．

　５月のある朝，たくさんのリスをみかける．追いかけ合いがあちこちで起こり，「コキコキコキコキ」という声が頻繁なので，交尾騒動だと思われる．７時すぎ，急に「グァングァン…ワンワンワン…」という激しい声がしたので，そのほうへ急いでいくと，標識を付けたなじみのオスがメスと交尾をしている．そのメスも標識を付けていて，すぐにこの調査地のまんなかでいつもみかける個体であることがわかる．このころにはすでに，調査地に生息しているリスはほとんどが捕獲され，識別用の首輪が付けられていた．そのオスは１分間メスと交尾したのち，少し離れてまた，さかんに「ワンワン…グワッグワッ…キキッキキッ…」としばらく鳴き続ける．この間，メスはじっとしている．８時すぎ，別のオスがメスの近くに寄っていき，「コキコキコキコキ」と鳴く．メスはその声に反応したかのように，急に動き出す．新しく登場したオスはメスと交尾をし，その後グガガと鳴く．その声を聞いて，あわてて最初のオスが追っていく．２頭のオスが激しく追いかけ合う．その間，第３のオスが現れ，メスに近寄ろうとする．ほんとうに油断ができない．それに気づいた最初のオスは，今度は第３のオスを追い払いにかかる．混沌とした追いかけ合いがメスのまわりで繰り広げられていたが，突然「グガガガガッ…キキッキキッ」という激しい声がして，リスたちは静止する．鳴いていたのは最初のオスだった．鳴きながら交尾をし，さらにメスのそばで監視しているが，声はしだいに小さくなる．10分もすると２番目のオスがやってきて，最初のオスを簡単に追い払い，メスと一緒に移動した．最初のオスはもう追いかけない．２番目のオスも移動先で交尾をし，やはり１時間にわたって「キキッキキッ…」と鳴きながら，メスに付きまとっていた．しだいにその声が止み，周囲で「コキコキコキコキ」がまたにぎやかになってくる．10時すぎ，先ほど登場した３番目のオスがメスに付き添い，鳴き始める．すでに最初のオスも２番目のオスも姿はない．まわりをみると，いろいろな色の首輪を付けたオスたちがあちらこちらで「コキコキ」と鳴いている．数えてみると14個体もいた．その後，メスは順番に集まってきたオスと交尾を繰り返し，最後のオスが交尾を行った15時ごろに「コキコキコキコキ」

の声は途絶えた.

（3）クリハラリスの交尾の特異性

このように，これまでの研究では知られていないほど多くのオスが交尾騒動に参加し，10個体以上ものオスが1個体のメスと交尾をしていた．不思議なことに，交尾をすませたオスは，多くの場合，それ以降の交尾騒動に参加せず姿を消してしまう（図2.8）．そして，たくさんのオスがメスを独占する時間を順番に獲得できるのである．なんと秩序正しい乱婚だろうか．このほか，13個体の異なるメスの発情によって引き起こされた交尾騒動を合計19回観察した（Tamura *et al.* 1988）．集まるオスの数は，平均すると12個体で，このうち，実際にメスを独占できたオスの数は8個体程度であった．1個体のオスがメスを独占できる時間は，平均26分であった．交尾騒動において，比較的最初のほうに交尾できるオスと最後になって交尾できるオスには，ある傾向がみられた．最初のほうに交尾できる個体は，ほかの交尾騒動でも最初のほうにメスを独占する．一方，最後のほうになってメスと交尾をする個体は，どのメスの発情でもつねに最後のほうになる．そして3年間

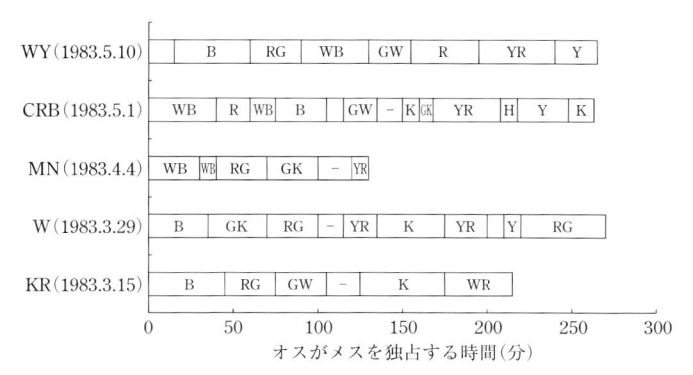

図 2.8 神奈川県鎌倉におけるクリハラリスの交尾騒動の例.
左端の略号は発情したメスの個体標識と発情日を示す．枠内の略号はメスを独占したオスの個体標識で，左側から順番に一定時間独占し，交替することを示す．BやWBは交尾のはじめにメスを独占し，Y, K, YRは最後のほうにメスを独占している．未記入の枠は標識の付いていない個体を示す.

交尾を観察しているうちに，最初に交尾できるオスのほうが，年齢が高い個体であることがしだいにわかってきた．最初の年に，順番が遅かった個体も翌年，さらにその翌年には，しだいに早い順番で交尾できるようになったからである．

以上の観察結果をほかのリス類での研究と比べてみると，いくつか気になる違いがみられた．まず，これまでに研究されている樹上性リス類の配偶行動では，順位の高いオスが長時間メスを独占し続け，劣位な個体をメスに近づけないように，追い払い行動を継続させる．クリハラリスではそうした行動がみられず，つぎつぎとメスを独占するオスが入れ替わる．では，クリハラリスではなぜ優位なオスはメスを防衛し続けないのだろうか．まず考えられることは，交尾騒動に集まるオスの数が著しく多いということである．もう1つ考えられることは，交尾騒動が季節を問わず，一年中みられるということである．また，発情するメスがどの個体であっても，ほとんど同じ顔ぶれのオスたちが交尾に集まってくるということも特徴的であった．

以上の特徴を説明するためには，交尾騒動の日だけではなく，普段の社会構造を理解する必要がある．そうしたうえで，オス，メスそれぞれの行動の利得と損失を考えなくてはならないだろう．

（4）クリハラリスの社会

それぞれの個体の行動圏を知るために，1週間に2日ずつ，1日4回，捕獲区域を含む約10 haの調査地をセンサスした．センサス中に遭遇したリスを双眼鏡で観察し，首輪に付いたビーズの色をもとに個体識別した．目撃場所とその時間，行動を地図上に記録していった（Tamura *et al.* 1988）．同一個体を目撃した地点のうち一番外側のものを囲んで，その個体の行動範囲を推定する最外郭法を用いた（図2.9）．1983年1-6月，定住していたメス7個体とオス15個体の行動圏を調べた結果，メスどうし行動圏が重なり合っている個体数は平均2.3個体なのに対して，オスどうしは12.6個体もの個体がたがいに重なり合っていた．また，行動圏の大きさはメスでは平均0.7 haであるが，オスでは平均2.6 haであった．1983年9月-1984年2月，7個体のメスと11個体のオスの行動圏を調べた結果，メスどうしでは平均1.6個体，オスどうしは平均8.7個体，行動圏が重複していた．行動圏サイズはメ

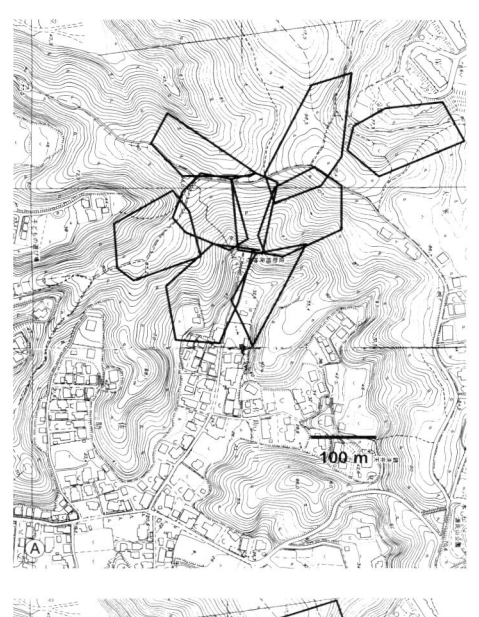

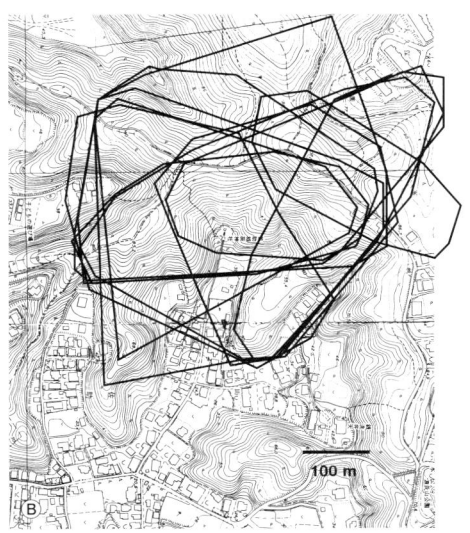

図 2.9 神奈川県鎌倉におけるクリハラリスの行動圏分布.
A: 1983年3月メス9個体分, B: 1983年3月オス11個体分.

スで平均 0.5 ha, オスで平均 1.3 ha であった. つまり, オスがメスの 3-4 倍も大きな行動圏をもっていた. また, 1 個体のメスの行動圏に重複しているオスの数は, 平均 8.2 個体であった.

ほかのリス類では, 行動圏の分布はどうなっているのだろうか. ハイイロリス, キツネリス (図 2.10), アベルトリスなどの種類でも, 行動圏はメスどうしでは重複が少なく, オスどうしでは重複する傾向がある (Farentinos 1972 ; Thompson 1978 ; Benson 1980). オスとメスは普段から行動圏の重複が認められるが, 繁殖期にオスの行動圏はメスの行動圏により多く重なる傾向がみられる. アメリカアカリスでは, オスもメスも普段は行動圏が重複しないが, 交尾期だけ雌雄の行動圏が重複する (Smith 1968). こうした樹上性リス類と比べ, 一年中繁殖するクリハラリスでは, つねにオスとメスの行動圏が重複した状態が続いている.

また, 樹上性のリス類ではオスがメスよりも大きな行動圏をもつことが一般的である. もちろん調査地が違えば, 同種といえども行動圏サイズやその性差の度合いも違うことは予想される. しかし, 代表的なハビタットでの研究事例を拾ってみると, アメリカアカリスではオスが平均 0.9 ha, メスが平均 0.7 ha であったし, アベルトリスではオスが平均 5.0 ha, メスが平均 3.8 ha である. キツネリスではオスが 1.5 ha, メスが 0.9 ha, ハイイロリスではオスが 2.2 ha, メスが 1.5 ha である. メスの行動圏サイズに対するオスの行動圏サイズは, どの種類においても 1.3-1.8 倍程度であり, クリハラリスほ

図 2.10 キツネリス (*Sciurus niger*).

ど大きな差にはなっていない（Tamura *et al.* 1988）．クリハラリス以外の種でも，オスは繁殖期に普段よりも大きな行動圏をもつことが報告されているが，それでも，クリハラリスほど多くのメスの行動圏に侵入していくことはない．つまり，クリハラリスはほかの樹上性リス類に比べると，日常的に繁殖期の社会構造を維持し続けている点が違っている．オスはメスの3-4倍の広い範囲を動き回り，1個体のメスに対して多くのオスが行動圏を重ねる暮らしを一年中続けている．

2.3 オスとメスの配偶戦略

（1）オスのコスト──実効性比

1個体のメスの交尾に集まるオスの数（実効性比 operational sex ratio）が多くなれば，当然，メスを長時間防衛するためのコストがかかる．したがって，クリハラリスにおける配偶行動の特徴は，集まるオスの多さに起因している可能性がある．では，集まるオスが多くなる原因はなにか．上述したように，普段からメスの行動圏には多くのオスの行動圏が重なっていることが1つの原因である．交尾騒動の2-3日前から，メスは外陰部がピンク色に膨れ始める．オスがメスを追従する行動も頻繁になってくる．交尾騒動前日の夜には，オスたちがすでに「コキコキ」鳴きながらメスに近寄る場面が観察される．こうして，行動圏をメスと重ねているオスたちは，メスの交尾受入日を"知っている"のである．逆に考えると，メスは交尾受け入れをあらかじめ，オスたちに宣伝しているのかもしれない．

メスが交尾を受け入れる時間的なスケジュールも，実効性比をオスに偏らせる要因に効いてくる．特定のメスと交尾するために，何日間も配偶者あるいは，そのなわばりを防衛する種では，限られた繁殖期のなかで何個体ものメスと交尾することは不可能である．その結果，メス1個体に対して集まるオスの数も限定される．しかし，クリハラリスの場合，一年中交尾行動が観察され，特定の季節に限定されるわけではない（図2.11）．季節性が明確な高緯度地方の，交尾期が集中している種に比べると，発情したメスにいつでも多くのオスが集まる状態が維持される．

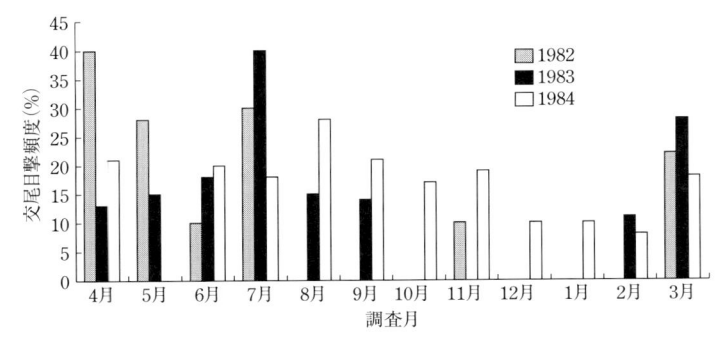

図 2.11 神奈川県鎌倉における交尾頻度の季節変化．観察日数あたりの交尾目撃率（％）を示す．

クリハラリスにおいては，このように発情した1個体のメスに集まるオスの数が多い．集まるオスの数が多くなると，ライバルオスを追い払いつつ交尾を独占する体力的なコストは，相当に大きくなると考えられる．また，見通しの悪い照葉樹林の森のなかでは，メスを見失ってしまったり，潜んでいる別のオスに気づかないことが多いため，盗み交尾は避けられない．多大なコストを払って，終日メスを防衛しても，自分の遺伝子を残す可能性は意外と高くないのかもしれない．そうなると，オスは1個体のメスとの配偶を確実に行うことよりも，つぎに発情する別のメスとの交尾チャンスに参加するほうを選ぶことになる．隣接したメス間で，交尾日は近いことが多く，翌日，別のメスの交尾騒動に参加するケースもみられた．そこで，オスとしては，1回の交尾騒動に100％の受精確率を上げる努力をするよりも，多くの交尾騒動に参加し，それぞれ若干ずつでも受精確率をもつことを選ぶのではないだろうか．1つの交尾騒動で順位の高いオスは，別の交尾騒動でもやはり順位は高く，つねに最初のほうにメスを独占していた．おそらく，最初のほうに交尾することで，より受精する確率を上げているのではないかと考えられる．この「超」乱婚的なクリハラリスの父親判定についての遺伝学的な研究は，残念ながらまだ行われていない．いずれにしてもオスは多くのメスと交尾をすることによって，自分の遺伝子を次世代に伝える確率を上げることが可能となるのであるから，当然，多くのオスが交尾をしようとする行動は自然ななりゆきである．

（2）メスの利得——重婚の意味

つぎに，メスの側から考えてみることにする．メスはなぜ複数のオスと交尾をするのだろうか．オスが生産する精子の数は，メスが生産する卵に比べると桁違いに多いので，受精という点についてだけ考えれば，1個体のオスと交尾すれば，本来充分なはずである．交尾行動は，それ自体，体力的なコストがかかる．捕食者をひきつける点からも，あまり多くのオスと交尾することが得策とは考えにくい．メスにとっても，なにかメリットがあるはずである．

メスが重婚する生態学的な意味がいくつか考えられている．1つには，一腹で産む子どもの数が多い場合，異父兄弟を産むことによって，子どもの遺伝的な変異を大きくし，さまざまな環境変動や病気への耐性のバリエーションを子どものなかでつくる（Halliday and Arnold 1987）．これによって，生き残る子どもの確率を上げるという考え方である．また，精子競争という別の考え方もある．複数のオスの精子を受け入れることによって，精子の間で競争を促す（Parker 1970）．その結果，運動能力が劣った精子は受精しにくくなるため，結果的に生存率の高い精子と受精することが可能となるわけである．このほか，精液に含まれるタンパク質がメスの体のなかで吸収され，栄養となることから，多回交尾を積極的に行う例が昆虫類では報告されている（Thornhill 1976）．一方，おもに霊長類では父親の隠蔽という説もある（Taub 1980）．バーバリーマカク（*Macaca sylvanus*）というサルのメスは群れの多くのオスと交尾をするが，その結果，産まれた子どもの世話を多くのオスから得ることができるという．リスのオスがそこまでの協力をすることは考えにくいが，少なくとも交尾したオスが自分の子どもに危害を与えることはないであろう．

じつは，子殺しという行動がチンパンジー，ジリス類，ライオンなどで知られている．これは最初，異常行動であるとか，餌不足などの観点から議論されてきたが，現在の社会生物学的説明によると，自分の遺伝子を残すためのオスの戦略と考えられている（Hrdy 1979）．特定のオスが交尾権を独占する種では，群れのオスが入れ替わるとき，これまでのオスがつくった子どもたちは，新しいオスにとってみると血縁関係はない．その子どもたちを殺

してしまうことで，群れのメスがすぐに発情して，繁殖可能な状態になる．群れのオスが入れ替わった後に子殺しが起こる理由は，新しいオスが自分自身の子どもを一時でも早く，多く残そうとする行動によるものなのである．子殺し行動の可能性がある社会では，父親隠蔽の必要性が理解できる．自分が父親である可能性が少しでもあれば，子殺し行動が抑制されるのだとしたら，メスはそこに生息するすべてのオスと交尾し，子どもの安全を図ろうとするだろう．つまり，多くのオスと交尾することによって，多くのオスに父親である可能性を担わせているのである（Stacey 1982）．

（3）父親隠蔽の可能性

以上のように，メスにとっての重婚の意義はいろいろと議論されてはいるが，どの説も相反する説ではない．この説が正しく，ほかの説は違うと決めることはできない．ただ，私はクリハラリスの事例では，父親隠蔽の可能性が大きな比重を占めているという気がする．クリハラリスのメスを観察していると，自分からオスと交尾をしようとするかにみえる行動をすることがある．交尾騒動も終わりに近づき，まだ交尾できない若いオスたちは，メスの行動圏のはじっこで，「コキコキコキコキ」と鳴いている．メスは，そうしたオスのそばへ声をたよりによっていき，クユークユーとさかんに鳴きながら，付きまとう．そして，オスの目の前に静止する．こうして，順位の低いオスも最終的に交尾をすることが多い．つまり，メスは，そこに参加しているすべてのオスと交尾することを意図しているかにみえる行動をとるのである．確かに，精子競争や異父兄弟のメリットも充分考えられる．しかし，そのために10個体以上のオスと交尾する必要があるだろうか．自分から寄っていって，最後の1個体とまで交尾しようとするのだとしたら，メスがそこに生息するすべてのオスに，父親の可能性をもたせるように行動していると考えられないだろうか．

だとすると，ほかのリスと違って，なぜクリハラリスだけが父親隠蔽をしなくてはならなかったのだろうか．繁殖期が明確ではないクリハラリスでは，普段からメスの行動圏のなかに，多くのオスの行動圏が重複している状態が続いていることは前述した．こうした行動圏分布のなかで暮らしているクリハラリスでは，ほかの種ではみられない社会関係がメスとオスたちの間に維

持され続けているのかもしれない．クリハラリスの社会構造や生活史など，この動物の生活背景をしっかりと理解しなくては，交尾行動の意味は説明できそうもない．そこで，つねづね気になっていたことが顕在化してくる．私はこれまで神奈川県の鎌倉で調査してきたわけであるが，ここはクリハラリスの本来の生息地ではない．クリハラリスは，日本では外来種なのである．もともと生息していなかったのに，人間がもちこんで定着した種である．そこでの生活を研究したところで，クリハラリスの本来の姿かどうかはわからない．おそらく，かれらにしてみれば，好むと好まざるとにかかわらず，利用できそうなものを餌として利用し，巣場所として利用しているだけなのではないだろうか．それはそれとして，重要な研究ではあるが，私が調べてきた交尾行動の生態学的な意味を知るには，原産地でなければ納得できる説明は見出せないと思われる．そこで，修士課程2年の秋，私にとってはじめての海外旅行となる台湾へ行ってみることにした．

2.4　台湾のクリハラリス

（1）はじめての台湾

　修士課程2年（1984年10月），とにかく台湾へ行ってみることにした．どこに行けばクリハラリスがみられるのだろうか．そこで，すでに台湾で行われている研究の論文を探して読んでみた．ほとんどが中国語だったが，漢字の羅列なので意味はだいたいわかる．そこに出てきた調査地名が，「溪頭森林遊樂區」「六亀林業試験場」であった．溪頭には国立台湾大学の実験林があり，個体群動態や繁殖などの生態調査およびクリハラリスによる針葉樹への樹皮加害調査などがさかんに行われていた．一方，六亀ではクリハラリスによる樹皮被害を減らすための試験研究がいくつか発表されていた．この2カ所は必ず行くとして，あと1カ所，最南端の墾丁も訪ねてみたいと思っていた．鎌倉のクリハラリスは腹部が灰色であるため，台湾南部由来の可能性が高い．それに旅行ガイドブックによると，墾丁には国家公園があって自然林が残されているらしい．人工林での調査よりも，自然林での調査のほうが，生態学的研究をやるのには適していると考えたからだ．

はじめての海外旅行であったし，もちろん，台湾語はわからない．英語，筆談，日本語，ジェスチャーといろいろ混ぜながら，乗り場を聞いたり，切符を買ったりたいへんな旅行であった．当時のフィールドノートをみると，漢字の羅列の走り書きや，へたな絵がたくさん残っていて，筆談で道をたずねたり，買いものをしていた状況が思い出される．なんとか渓頭森林遊樂區へ到着することができ，待望の台湾調査スタートである（図2.12）．林内をセンサスしていると，確かにクリハラリスに遭遇できた．同じ種なのに，腹部の色が真っ赤なので違和感がある．この実験林はそのほとんどが針葉樹の植林地で，竹類が繁茂する場所も多い．個体数のコントロールをしているせいか，クリハラリスの数は鎌倉ほど多くはない．

つぎに，六亀林業試験場で樹皮剥離被害を調査している黄松根さんを訪ねた．事前に手紙などで面会を約束したわけでもなかった．いきなり，日本からやってきた私をみて，さぞ驚いたろうと思う．しかし，黄さんは遠方からの突然の客を歓迎し，丁重にフィールドを案内してくれた（図2.13）．そして，日本語まじりで話をしてくれた．1980年代の台湾では，子どものころに日本語教育を受けた中高年の方々が多く，流暢な日本語や日本の唱歌に驚かされた．調査地はほとんどが造林地だったが，ムササビやリスが生息する痕跡をみせてもらい，台湾ではクリハラリスが林業害獣であることが確認できた．

最後に訪れた墾丁森林遊樂區へは，台湾南部の都市である高雄から，まずバスで2時間かけて恒春へ向かう．そこからバスを乗り換えて30分ほどさらに南下する（図2.14）．まさに台湾の最南端である．ここは一年中，暖かいおだやかな気候と，海に沈む日の入り，風光明媚な隆起珊瑚の地形を楽し

図 2.12　1984年にはじめて訪れた台湾渓頭森林遊樂區．

図 2.13 六亀林業試験所の黄松根さん（向かって右）．

図 2.14 墾丁森林遊樂區．

むことができる．そのため当時，台湾では人気の観光地であり，新婚旅行のベストスポットでもあった．早朝，ゆっくりと散策路を歩くと，あちらこちらでクリハラリスに出会う．隆起珊瑚の地形のせいか，樹高は低く観察しやすい．しかし，照葉樹で鬱蒼とした林内に入ると薄暗くて，すぐにリスを見失う．ここのリスは確かに腹部が灰色で，鎌倉のクリハラリスと似た風貌であった．私は，すぐに「墾丁でクリハラリスの調査をやろう」と心に決めていた．

（２）台湾での調査

1985年7月，宮下教授の知人である台湾大学動物学教室の朱耀沂教授を訪ねた．そして，台湾で調査をするための便宜を図っていただくことになった．朱教授は日本語が達者で，日本人研究者との交流も多い．まったく不便を感じることなく，調査地の選定，宿泊施設の利用などを進めることができた．調査地はやはり，墾丁公園と決めた．墾丁は国家公園内なので，調査許可なども必要である．外国人の私がすんなり調査を始められたのも，朱教授のおかげだったと思う．ここには林業試験場があり，とくに台湾南部の熱帯植物の研究などが行われている．試験場の李新鐸所長も，幸い日本語が堪能で研究に協力的であった．敷地の片隅にある試験場の宿泊施設「招待所」を利用させていただくことになった．近くには，試験場職員の官舎が5-6棟あり，職員の奥さんが宿泊者の食事の世話などをしてくれた．台湾の家庭料理はどれも美味しかった．

墾丁滞在中，もっとも困ったことは，台風であった．台湾はまさに台風の通り道である．しかも台湾南端の半島部に位置する墾丁は，ものすごい風が吹く．招待所の裏にあった大木が倒れ，私の隣の部屋がつぶれた．夜中だったので，もし，その部屋で寝ていたら，知らずにつぶされていたかもしれない．台風のたびに，電線が壊れ，電気がつかない日が1週間くらい続く．台風以外にはまったく問題はなかった．調査地は近いし，食事の心配もないし，たいへん恵まれた環境であった．これほどの調査環境は，その後ほかでは体験できなかった．

台湾でのクリハラリスの社会構造と鎌倉でのそれとを比較検討することが，私の博士論文のテーマとなった．社会構造を調べるためには，そこに生息しているすべてのリスを個体識別しないと始まらない．とにかく，毎日ワナを仕掛けてリスを捕獲し，識別用の首輪を装着して放す．そして，行動観察を繰り返して，どの個体がどこを行動範囲としているのか，どの個体と出会ったときにどのような行動をしたのか，行動範囲はどのように重なっているのか，などを記録していくのである．クリハラリスの捕獲や個体識別は，鎌倉で3年間体験済みだったので，同じことを台湾でもやればよいと簡単に考えていた．しかし，ものごとはそう簡単にはいかない．そこら中にクリハラリ

スがいるのはわかっているのに，いっこうに捕まらないのである．毎日ワナを仕掛け，昼前に1回，日没直前に1回ずつ見回るのが日課であった．1日1-2個体捕まえられればよいほうで，まったく捕獲できない日が続くことも多かった．

　原因はわかっている．とにかく，ここは食べものが豊富なのである．イチジク科の果実，バナナ，ヤシ類の果実がたわわに実っていて，早朝と夕刻にはクリハラリスが何個体も集まって夢中で食べている．リスだけではない．ここにはタイワンザルの群れも生息している．イチジクなどの大木にサルの群れがやってくると，にわかにあたりがさわがしくなり，リスたちは影を潜めてしまう．サルがリスを襲う場面をみたことはないが，大きさが違うサルとリスでは，やはりリスも怖じ気づくのかもしれない．タイワンザルが調査地でサギの一種の巣を襲い，ヒナが捕食される場面を目撃したことがある．リスにとっても，油断できない相手かもしれない．ゴシキドリ，クロヒヨドリ，アオバトなどの鳥類も果実を求めて集まってくる．鳥類とリスは一緒に同じ木で餌を食べることが多い．鳥類が餌場にいるということは，捕食者がいなくて安全に食事ができることを意味するのだろう．リスはアオバトなどの姿をみると，安心して餌場に近寄る．一方，鳥がいない静まり返った餌場へは，用心していてなかなか近寄らない．一緒に餌を食べていたハトが警戒して飛び立つと，リスもあわてて警戒の姿勢をとり，立ち去る．

　食べものが豊富な墾丁では，クリハラリスはわざわざワナに入ってくることは少ない．それでも，根気よくワナ掛けを繰り返すことによって，少しずつだが，なじみのリスが増えていった．ワナには，クリハラリスのほかに，オニネズミやアカネズミの仲間がかかった．イタチアナグマという，文字どおりイタチとアナグマの中間のような小型の食肉目もかかった．このほか，調査地にはセマルハコガメやキノボリトカゲがうろつき，テングコウモリの仲間が日中，葉裏にとまって眠っていることもあった．キシタアゲハやオオゴマダラなどの熱帯らしい美しいチョウ類が行き交い，温帯で育った私には興味深い動物ばかりであった．

（3）豊富な食べもの

　台湾南部の墾丁と神奈川県の鎌倉で，リスの食べものを比較してみた．セ

ンサス中にリスを目撃した際，なにを食べているか，その都度記録していくのである．鎌倉では783回，墾丁では820回採食行動を観察し，その餌メニューをリストアップしていった（Tamura *et al.* 1989）．そうすると，月ごとにどんな種類の餌を利用するかがみえてくる．クリハラリスは，やはり木の種子や果実を好んで利用する．鎌倉では，スダジイ，タブ，ハゼ，ムクノキ，ヤブツバキなどの種子が好まれ，種子や果実が毎月の餌の11-95%を占めた．墾丁では，アカギやリュウキュウガキの果実，オオバアカテツやムクイヌビワなどのイチジク科の果実が好んで利用され，種子や果実が毎月の餌の59-98%を占めた（図2.15）．

　鎌倉では夏から秋にかけて木の実がたくさん利用できるが，冬から春には

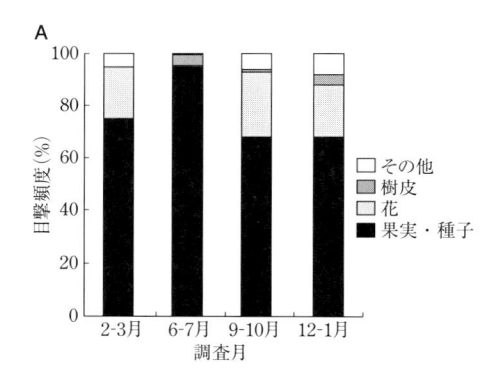

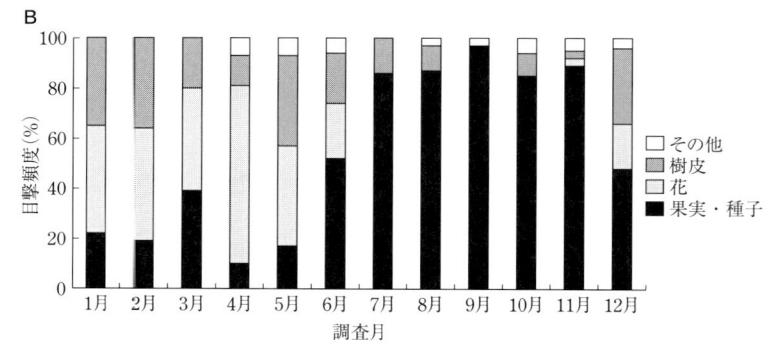

図2.15 クリハラリスの食物タイプの比較．
A：墾丁．B：鎌倉．

極端に食べものが少なくなる．この間，なにを食べて暮らしているかといえば，ヤブツバキの花やいろいろな種類の樹皮（樹液）である．樹液にも糖分がわずかに含まれているが，けっして効率のよい食べものではない．堅い外樹皮を削り取り，なかの形成層ににじみ出てくる樹液を舐めたとしても，そのなかに含まれる糖分はごくわずかにすぎない．墾丁では，クリハラリスはほとんど樹皮削りをしていない．果実や種子が一年中利用できる墾丁では，樹皮を削る必要がないのである．墾丁でよく利用される食べものとしては，果実や種子のほかに，シロアリ類，アリ類，セミ類，カタツムリ類などがある．墾丁のクリハラリスは，明らかに果実や昆虫など，カロリーの高い効率のよい食べものを利用している．そのため，食事時間は早朝と夕方のごく短い時間に限られ，多くの時間を休息にあてている．

（4）多い天敵

　個体識別したリスの行動範囲を地図上に描き出し，調査地内に何個体のリスがどのように行動圏をかまえて暮らしているのかを調べていった．その結果，墾丁のクリハラリスも鎌倉のクリハラリスと同じように，1 ha あたり3-4 個体という，高い生息密度で暮らしていることがわかった．墾丁のクリハラリスが餌環境に恵まれているのに，鎌倉と同じような生息密度であるのはなぜだろうか．墾丁ではクリハラリスの生残率がとても低い．苦労して捕獲し，首輪を装着したリスが，調査地に居残る期間は多くの場合，6 カ月程度である．6 カ月経つと，オスで58%，メスで45% の個体が消失する．毎日のセンサスで，出会ったリスは首輪に付いたビーズの色で個体識別しているのであるが，6 カ月くらい経つと，顔見知りのリスがどんどんと減っていく．そして，首輪が付いていない新しいリスが現れる．1 年以上定住し続けたリスは，オスもメスも全体のわずか33% であった．一方，鎌倉では，6 カ月で消失した個体はオスで46%，メスで9% であった．1 年以上定住していた個体はメスで81%，オスでも44% であった．オスは若い時期に分散する可能性が高いため，両地区とも，とくに初期の消失率はオスがメスよりも高くなる．しかし，成熟後に消失する理由は，多くの場合，死亡と考えるのが自然である．生残率は，墾丁では鎌倉の3分の1から2分の1であると推定された（Tamura *et al.* 1989；図 2.16）．

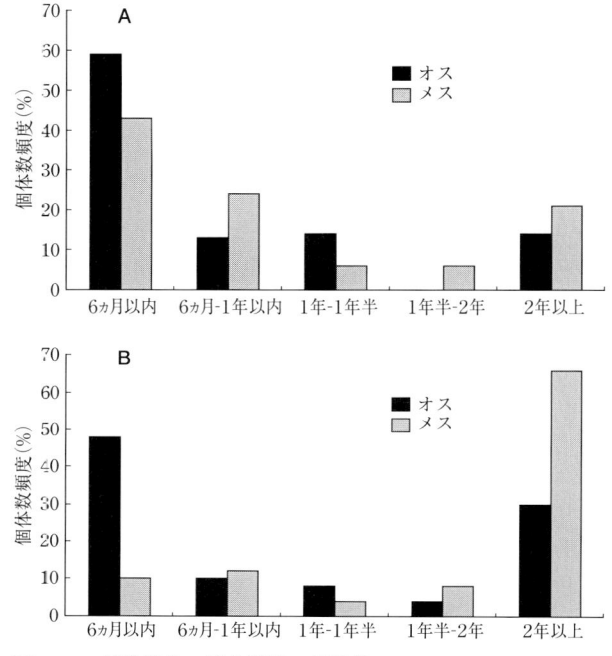

図 2.16　標識個体の滞在期間の地域差.
A：墾丁，B：鎌倉.

　墾丁で消失するリスが多い理由は，天敵が多いからだと考えられる．クリハラリスがカンムリワシ（*Spilornis cheela*）やサシバ（*Butastur indicus*）に攻撃される場面を頻繁に目撃した．台湾南部はワシタカ類の渡りのルートにあたっている．9-10月ごろ，上空をサシバの群れが連日通り過ぎる．サシバが実際にどの程度クリハラリスの捕食に成功しているのかはわからないが，クリハラリスがサシバの接近に神経質になっているのは事実である．この間，天気がよいのにリスをまったくみかけない日が続くのである．夕方かなり暗くなって，あわてて餌場へ集まってきて，そそくさと食事をするリスをよくみかけた．目がよいサシバにみつからないように，日中は樹冠などに潜んでいるのである．

　リスは，ワシタカ類が襲ってくると「ガッ！」という大声を出す．この声にひるんで，カンムリワシがリスを取り逃がす場面をみたことがある．どう

やらこの声は，敵を威嚇するための自己防衛のために出しているのだと考えられる．しかし，この声は大きいので，周囲にいるリスにも聞こえる．この「ガッ！」という声を聞くと，リスたちは物陰に隠れてじっと静止する．したがって，この声は周囲のリスに危険を知らせる警戒音声（アラームコール）としても機能していることになる．「ガッ！」という声は人間の耳でも100 m くらいの距離まで聞こえるので，「ガッ！」という声をカウントすることによって，リスとワシタカ類の遭遇頻度を推定することができる．鎌倉では，早朝2時間のセンサスで平均0.5回程度この音声を聞くのに対して，墾丁では，平均2.7回と多く，5倍もの高い頻度でワシタカ類と遭遇していることがわかった（図2.17）．鎌倉では，トビ（*Milvus migrans*）やハシブトガラス（*Corvus macrorhynchos*）に対してこの声を出すが，実際には，こうした鳥類がクリハラリスを襲うことはほとんどない．鎌倉のクリハラリスは，反射的に大きな鳥類に対して「ガッ！」と鳴いているのであろうが，実際に捕食されることはまずないと思われる．

墾丁はヘビ類の多さも格別である（図2.18，図2.19）．隆起珊瑚でできた穴だらけの地盤とそこに絡めるように張られている樹木の根っこの複雑な空間は，ヘビが潜むのに最適である．薄暗い早朝や夕刻にこうした林内を歩くときには，けっこう神経を使った．岩場を降りる途中，つぎに踏み込もうとした足場にまさにヘビがとぐろを巻いていたり，木に登ろうとしてちょっと枝に手をかけようとすると，ヘビが絡まっていたりした．ワナにかかったリスやネズミを狙って，ワナのそばにヘビが居座り，往生したこともあった．

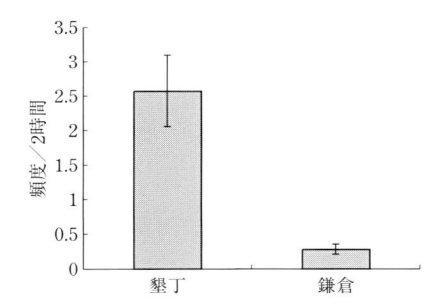

図 2.17 ワシタカ類への警戒音声頻度．各月の平均値と SE を示す．

図 2.18　タイワンハブ（*Protobothrops mucrosquamatus*）．

図 2.19　ワナに寄ってきたタイワンスジオ
（*Elaphe taeniura*）．

そして，ほとんどが毒ヘビだから始末が悪い．ヘビは，クリハラリスの成獣を襲うことはほとんどないと考えられる．しかし，巣のなかの子リスは，動きが鈍く手ごろな大きさの餌であるため，かなり捕食されているのではないだろうか．

　リスはヘビをみつけると，モビングという独特の行動をする．モビングは「擬攻」ともよばれ，自分よりも強い相手を集団でいたぶる「いやがらせ」的な行動を指す．小鳥たちが，昼間休息しているフクロウのまわりに集まってさわぐ行動など，鳥類ではよく知られている（Altmann 1956）．普段は弱者であるものたちが，なぜか敵にいやがらせをする不思議な行動といえる．

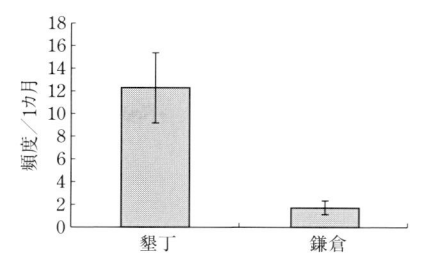

図 2.20 ヘビ類へのモビング頻度.
各月の平均値と SE を示す.

クリハラリスはヘビ類をみつけると,「チーチー」という甲高い声を発する.この声を出しながら,尾を立て,体を伸ばし,鼻先からそっとヘビに寄っていき,突如さっと逃げるかのようにもどる.「チーチー」という声を聞きつけると,周囲のリスたちも集まってきて,ヘビを囲み,同じようにヘビに寄っていってはさっと身をひるがえす行動を続ける.ヘビを嬲るようにみえるときもある.

このにぎやかなモビング行動は,墾丁の調査地では頻繁に観察された(図 2.20).鎌倉では月あたり平均 1.8 回しかモビングはみられなかったが,墾丁では 12.0 回もみられた.すべてのモビングでヘビの種類が確認されたわけではないが,墾丁ではマムシ類の一種(*Agkistrodon acutus*),ハブ類(*Protobothrops mucrosquamatus, Trimeresurus stejnegeri*),タイワンスジオ(*Elaphe taeniura*)などいろいろな種類がモビングの対象であった.それに比べると,鎌倉では夏から秋に数回みられる程度である.鎌倉では,木に登ってリスの子を襲うことができるのはアオダイショウ(*Elaphe climacophora*)だけである.アオダイショウは冬眠するので,実際にリスの子を捕食する可能性のある期間は短く,リスの繁殖を抑えるほどではないだろう.

モビングに参加するリスの数は,1 個体から多いときで 7 個体,平均的には 3 個体くらいであった.モビングの継続時間は 5 分から 51 分まで長短あるが,平均すると 20 分くらい続く.そして,モビング行動は,参加個体数が多いほどエスカレートし,継続時間が長くなる(Tamura 1989).観察したモビングのうち約半数は,ヘビが自ら木から降りたり,その場を去る結果になった.逆にリスのほうが三々五々去っていくケースもあった.

2.5　社会構造と利他行動

（1）利他行動の進化

　そもそも，モビングはなんのために行われるのだろうか．「天敵を混乱させ，捕食をあきらめさせるため」「天敵がそこにいることを周囲に知らせるため」「また，それによって天敵の存在がわかってしまうため，そこで捕食行動を行うことをあきらめさせるため」「どのような天敵が危険なのかという知識を伝える文化伝達のため」などいろいろな説が出されている（Curio et al. 1978）．モビング行動に限らず，危険を知らせる音声信号などの対捕食者行動は，社会生物学の分野では，議論の的となっていた．なぜなら，対捕食者行動は，本人にとって利益がないばかりか，ときには不利益を被るケースもあり，そのような行動が進化する意義の説明がむずかしいからである．行動学では，適応度の高い，つまり多くの遺伝子を次世代に残せる行動こそが進化すると考えられている．だから，警戒音声を発することによって，同種のほかの個体が危険を免れる結果になったとしても，そうした行動が進化することが説明できない．警戒音声をあげた個体が，捕食者の注意をひきつけ，捕食される可能性が高くなってしまえば，そうした行動をとらせる遺伝子は次世代に残らない．むしろ，警戒音声を聞いたら避難するが，自分では警戒音声をあげないという「ずるい個体」が生き残り，そうした遺伝子が集団中に広まることになる．その結果，だれも警戒音声を出さなくなってしまう．それなのに，なぜ警戒音声は進化したのか．

　警戒音声が進化する背景は，おもに血縁淘汰説という考えで説明されている．血縁淘汰説というのは，警戒音声によって，自分は捕食される危険が高まったとしても，それによって血縁者が利益を得られるのならば，生き残った血縁者の遺伝子を通して，その行動は次世代に伝わるという考え方である（Hamilton 1964a, b）．そう考えると，血縁個体が周囲に集まって暮らしている社会関係がある場合には，警戒音声が進化する機会が多い．たとえばベルディングジリス（*Spermophilus beldingi*）では，オスの子どもは産まれたグループから分散するが，メスは産まれたグループにとどまるという社会構造をもっている．コヨーテなどの天敵の接近を知らせる警戒音声を発する頻度

は，オスに比べてメスで非常に高い．しかも，メスのなかでも近くに血縁個体が多いものほど，頻繁に警戒音声を発する．つまり，血縁者が近くにいる状況で，警戒音声が発せられるということになる．こうした状況証拠から，警戒音声の進化には血縁淘汰が働いていることが支持されている（Sherman 1977）．

（2）ジリスの社会と利他行動

1977年に出されたSherman博士の研究だけではなく，1980年代に北アメリカのジリス類でさかんに警戒音声など利他行動の研究が進められた．開けた草原や岩場などに生息するジリス類の多くは，集団生活を営む．リス類に限らず，哺乳類では一般的に，森林性の種に比べて草原性の種で，グループ生活をする傾向がある．開けた環境に生きる種が，集団をつくることによって得られる恩恵の1つは，捕食者からの回避である．みんなが採食している場面で，先に天敵の接近に気づいたものが，周囲の仲間に危険を知らせ，集団全員がより早く，安全な巣穴に撤去するというシステムはとても都合がよさそうである．しかし，たとえばプレーリードッグが警戒音声を出すとき，後肢で立ち上がり，背伸びをしながら，鼻先を上に向けて，なるべく遠くに響き渡るようなけたたましい声をあげる．つまり，鳴いている個体自身は，逃げるのが遅れるし，天敵のターゲットになりかねない．大声で鳴き続けるエネルギー，捕食される危険をおかす行動などのコストを考えると，守るべき集団のメンバーとはどういう関係があるのかという疑問がわいて出る．

ジリス類は集団生活をするが，その社会構造は種や環境によって異なる．Michener（1983）は，よく研究されている18種のジリス類の社会構造を5つの階級に分けた（図2.21）．グレード1はオスとメスが別々のテリトリーをかまえ，子どもは母親のテリトリーから早く分散する非社会的なタイプで，フランクリンジリス（*Spermophilus franklinii*）など3種．グレード2は，上記と同じだが，メスの子だけは母親のテリトリーの近くに定着するタイプで，ベルディングジリスなど8種．グレード3は，オスとメスが配偶時以外もテリトリーを重ね合わせ，2と同様メスの子が近くに定着するタイプで，コロンビアジリス（*Spermophilus columbianus*）など3種（図2.22）．グレード4は1個体のオスが複数のメスのテリトリーを含む範囲を防衛し，その

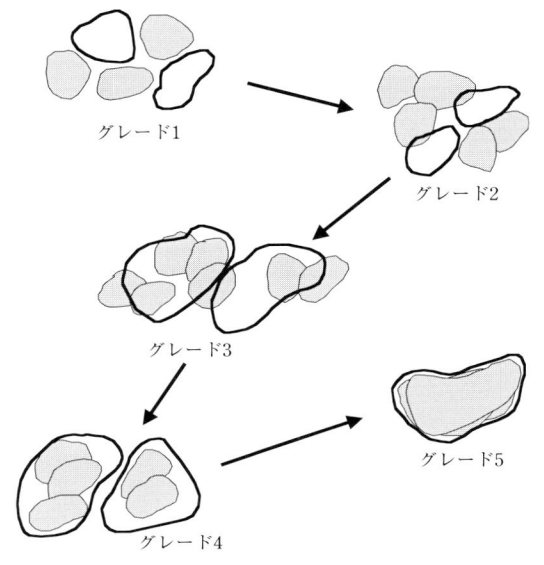

図 2.21 ジリス類の社会進化の過程（Michener 1983 より）．

実線はオスの行動圏，灰色はメスの行動圏を示す．オスとメスが別々に暮らすソリタリー社会のグレード1から，しだいにメスの血縁個体が集合していくグレード2，3，それを防衛するオスが加わるグレード4，5へ社会構造が変化する過程を示す．

図 2.22 コロンビアジリス（*Spermophylus columbianus*）．

ハレムで生まれたメスの子は分散せずにとどまるタイプで，キバラマーモット（*Marmota flaviventris*）など2種．グレード5は，1個体のオスとメスたちが共通の範囲を利用し，オスの順位は絶対的ではなく，メスどうしの関係が親密であるタイプで，オグロプレーリードッグ（*Cynomys ludovicianus*）など2種．以上から Michener（1983）は，ジリス類における社会進化において，メスの子の分散が抑制され，メスの血縁が集団を形成する過程が重要であり，基本的にジリスの社会が血縁集団で成り立っていることを示した．したがって，プレーリードッグでみられるような，かなりコストがかかるであろう警戒音声による天敵回避システムも，血縁の濃い集団として成り立っているかれらの社会では，充分な利得に結びつく行動なのであろう．

その後，ジリスの社会性が音声信号の進化につながっているかどうか，3属22種のジリス類について調査した研究が報告された（Blumstein and Armitage 1997a）．その結果，社会性の度合いが高くなるにつれて，警戒音声のレパートリーサイズが増えるという傾向がジリス類全体としてはほぼ成り立っていた．さらに詳細にみると，*Marmota* 属では社会性の進化とレパートリーサイズとの明確な相関がみられたが，*Cynomys* 属と *Spermophilus* 属ではあまり明確な相関が出なかった．そのため音声レパートリーには社会性だけでなく，生息環境の構造や発声器官の制約など，多様な要因が同時にかかわっている可能性もあると結論されている．

（3）クリハラリスの社会構造

ところで，クリハラリスの場合，ヘビによって捕食されるのはおもに巣のなかの幼い子どもであると考えられる．だから，母親が熱心にモビングをし，子どもを守ろうとするのはわかる．当然，母親と子どもは強い血縁関係にあるから，血縁淘汰説で説明がつく．でも，集まってくるのは母親だけでなく，近所にすむオスたちなのである（表2.1）．もっとも熱心な行動をみせるのは母親なのであるが，ほかのオスたちが加わることによってモビングはエスカレートし，長引くことになり，ヘビへのいやがらせ効果は絶大になる．ここで，前に書いた「超乱婚的」な配偶システムを思い出していただきたい．メスが発情すると，近所のオスすべてと配偶関係を結ぶ．すべてのオスに父親の可能性を与えていると考えられるわけだが，ひょっとしたら，オスたち

表 2.1 モビングに集まったメンバー構成.

総個体数	メンバー内訳				観察回数
	成メス	成オス	未成熟	不明	
1	1	0	0	0	6
1	0	1	0	0	2
1	0	0	1	0	1
2	1	1	0	0	12
2	1	0	1	0	1
2	1	0	0	1	2
2	0	2	0	0	2
2	0	0	0	2	3
3	1	2	0	0	6
3	1	1	1	0	1
3	1	0	2	0	2
3	0	3	0	0	2
3	0	2	0	1	2
3	0	1	2	0	1
3	0	0	0	3	2
4	1	3	0	0	1
4	1	2	1	0	2
4	0	2	1	1	1
4	0	0	0	4	1
5	1	4	0	0	2
5	0	5	0	0	1
6	1	5	0	0	1
6	1	3	2	0	1
7	1	5	1	0	2

に捕食者撃退の協力を引き起こしているのが，この配偶システムの効果なのではないだろうか．少しでも父親の可能性があるのなら，巣のなかの子どもはオスにとって血縁者の可能性があり，オスも子リスを狙うヘビに対してモビング行動を示す意味がある．もし，これが命にかかわるほどの危険な行動ならば，父親の可能性が低いオスたちは参加しないかもしれない．しかし，モビングという行動は，実際にはそれに参加して「チーチー」と大声をあげているだけなので，おとなのリスにとってそれほど危険性は高くないと思われる．少ないコストの範囲であれば，多少なりとも父親の可能性があるオスたちは，参加したほうが適応的である．

けっきょく，クリハラリスのメスの重婚の意味を直接証明することはでき

ない．しかし，捕食者が多い環境で，近隣個体との協力なしには生き残れないというクリハラリスの社会関係が浮かび上がってきたのである．クリハラリスは単独で生活しているのだが，行動圏は他個体と重なり合い，餌場で他個体と出会うことも多く，近隣の個体どうしにゆるやかな社会関係が認められるようにみえる．イチジクの樹上に集まったリスどうしは，ほかの個体の存在を無視しているかのように採食に没頭しているが，接近しすぎたときには軽く尾を立て合い，どちらかが退く．その退かしたり，退いたりという個体の関係は安定していて，たがいの順位関係が決まっているようだ．どうやら，近所の個体どうしがおたがいをよく知り合っていて，一緒に餌を食べることを許容し，天敵の存在を知らせ合うという関係が成り立っているようにみえる．原産地でのこうした社会関係をみていると，その進化的理由がじつに当然なことのような気がしてくる．クリハラリスにとって，なによりも重要なことは，「天敵が多い環境のなかで，どうすれば捕食されないで生き残り，子どもを確実に残せるか」ということなのであろう．

　これが，日本のクリハラリスにはあてはまらない．日本にはいまのところ天敵といえるワシタカ類はいないし，ヘビ類も原産地と比べればとても少ない．したがって，日本のクリハラリスは捕食される危険を免れ，天国のような暮らしを得たに違いない．しかし，別の問題が出てくる．食物が足りないのである．とくに，冬から春には餌不足に苦しむ．そして，樹皮を齧って飢えをしのぐ．さらにひどくなると，人間生活に侵入し，庭木，農作物，ゴミを利用するにいたる．樹皮をひどく削られれば，樹木はときには枯れていく．そうなると，クリハラリスは森林の迷惑者であり，森林をすみかとするリス自身にもその影響が跳ね返ってくるはずである．樹木が枯れ，森林が荒れてしまうことは，リスの食物となり巣場所となる資源を減少させ，生息場所を劣化させることになる．こんなアンバランスな関係が長い進化の過程で維持されるとは考えにくい．

　哺乳類の社会構造は，生息環境への長期的な適応の結果として，適切なシステムとなっているはずであるから，同じ種でも環境に応じて異なることがある（Lott 1983）．たとえばアメリカアカリスでは，通常の生息場所である針葉樹の森林では，種子を数カ所に貯食し，それを守るためのテリトリー防衛をする．しかし，ハイイロリスが生息する広葉樹の調査地では，アメリカ

アカリスもテリトリー防衛を行わず，たがいに重複した行動圏をもっている．まとめて貯食すると，その餌をハイイロリスに盗まれてしまう．それに，あたり一面，同じ種類の種子が分布している針葉樹林と違って，広葉樹林では餌となる種子はパッチ状に分布する．それで，広葉樹林では餌のあるパッチに何個体もの行動圏が重なるという社会構造に変わる．また，キバラマーモットでは，オスとメスとその子だけからなる単独的な社会構造から，オスと複数のメス，かれらの子や繁殖しない若者たちから構成される大きな群れ（コテリー）まで，多様な社会関係が存在する．こうした群れ構成の地域ごとの違いは，捕食者から隠れるための巣穴がどれだけたくさんつくれる環境であるかということで決まる．

　こういう研究があったから，私は，鎌倉と台湾のクリハラリスも当然違う社会構造をもっているものと予想していた．しかし，現実にはほとんど違いはなかった．台湾のクリハラリスも鎌倉のクリハラリスも小さな行動圏をたがいに重ね合わせながら，密集して暮らし，近所のリスどうしはおたがい順位関係を認識していた．そして，その順位にしたがって，交尾の順番も決まっていたが，けっきょく順番に多くのオスと交尾をするという配偶行動も同じだった．また，1本の木に実がなれば，近くのリスが集まってきて争うこともなく一緒に食べ，捕食者がくれば警戒音声を出し，モビングでは近所のリスが共同戦線を張る．こうした社会構造は，台湾でこそ進化的に意味のあるシステムであった．鎌倉のクリハラリスは，それを変えることなく暮らしていた．どんなに餌がなくても，密集して暮らし，同じ木で争うこともなく餌をとっている．考えてみれば，クリハラリスが鎌倉に入ってきてわずか数十年である．クリハラリスの寿命を考えると，せいぜい10世代ほどの短い期間なのである．動物がその環境で進化してきた長いタイムスケールを考えれば，ほとんど意味のない時間だったということである．生きものは長い時間をかけて，その地域に合った社会構造を獲得しているものなのであろう．人間が導入したくらいで変えられるほど単純なシステムではないのだ．

第3章 音声信号
── 意味論とだまし

3.1 音声の意味論

(1) 捕食者ごとに異なる音声

　台湾と鎌倉で行ったクリハラリス（*Callosciurus erythraeus*）の研究を博士論文としてまとめていくなかで，私はリスの音声コミュニケーションに興味をもった．クリハラリスはワシタカ類など上空から襲ってくる敵に「ガッ！」という声を出し，ヘビ類に対しては「チーチー」という声を出すことは前の章で書いたが，このほか，地上に潜んでいる肉食獣に対して「グワングワン…ワンワン…キッキッキッ…」という声で鳴き続ける．肉食獣への声は長く続き，最初のころの音声は「グワン」という強く低い音であるが，しだいに高くなっていき，最後には「キッ」というかすれた音に変わる．ワシタカ類への音声やヘビ類への音声は連続的には発せられないため，このような音調の変化は認められない．

　このように，捕食者のタイプに合わせて，クリハラリスはそれぞれ違った音声を出しているわけである．さらに，重要なことに，それを聞いたほかのリスたちは，それぞれの音声に対して違った反応を示す．「ガッ！」という声に対しては，林内で静止する．「チー」に対しては音源に寄っていく．「ワン…キッ…」の連続音に対しては，木の上に登って，聞こえている間中，静止する．それぞれの音声が，あたかも聞き手に対してどうすべきかを伝えるシグナルとして機能しているかにみえる（図3.1）．

　しかし，捕食者ごとに違う音声を出すからといって，リスが言葉を操っていると考えるのは早計である．異なる音声をリスが識別して，それぞれ異な

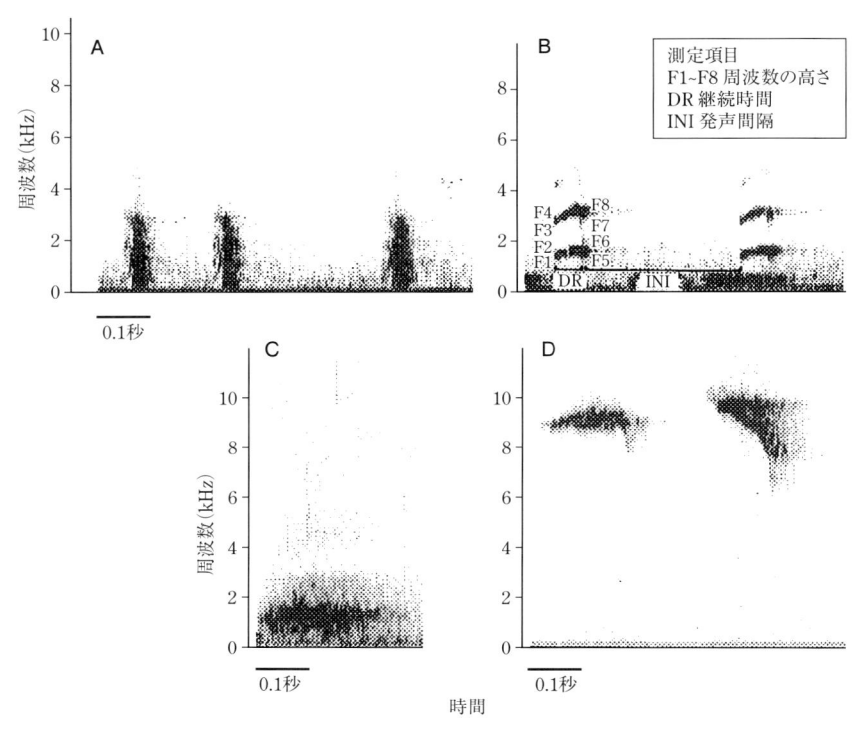

図 3.1 クリハラリスが3タイプの捕食者に対して発する音声.
A：地上から接近する食肉類に対する音声（はじめのワンワンという声），B：地上の食肉類への音声（途中からのキッキッという声），C：頭上からワシタカ類がきたときの音声，D：ヘビ類に遭遇したときの音声.

る意味を認識しているのかを，詳細にチェックする必要がある．たとえば，発する個体が感じる恐れの強さに応じて音声タイプが変わるのだとしたら，表面的には捕食者ごとに音声が違っていても，それは「ことば」ではなくたんに「悲鳴」でしかない．すごく怖いときに「ガッ！」と鳴き，少しだけ怖いときに「グワングワン…キッキッ…」，それほど怖くなければ「チー」だという可能性もある．そして，音声を聞いた個体が，たとえそれぞれに応じて適切な逃避行動を起こしたとしても，音声の意味を理解したのではなく，ただたんに発声者の感情（この場合，恐れの強さ）を読み取っただけなのか

もしれない．
　天敵のタイプごとに異なる警戒音声を発することは，クリハラリス以外の動物でも報告されている（Fichtel and Kappeler 2002）．なかでも有名な研究は，サバンナモンキー（*Cercopithecus aethiops*）というアフリカのサバンナに生息するサルが，ヒョウ，ワシ，ヘビという3タイプの捕食者に対して異なる音声信号を出すというものである（Seyfarth *et al.* 1980）．この研究が重要なのは，音声が捕食者ごとに違うという記載にとどまっていたこれまでの音声研究から一歩進めて，音響特性をソナグラムによって解析し，捕食者のタイプ間で違いが認められることを定量的に明らかにしたということと，それぞれの音声を録音したものを，実際には捕食者がいない条件で再生（プレイバック）し，聞き手の行動を解析することで，音声が示す意味を認識している可能性を示したことにある．これはよく知られた研究ではあるのだが，実際に捕食者ごとに発せられる音声の違いは，絶対的なものではなく，状況によっては変わる不安定なケースも多いようだ．
　その後，サバンナモンキー以外のいくつかの哺乳類で，捕食者のタイプごとに警戒音声の音響特性を比較する研究が行われた．その結果，ワオキツネザル（*Lemur catta*），ダイアナモンキー（*Cercopithecus diana*）などの霊長類や，リチャードソンジリス（*Spermophilus richardsoni*）などのゲッ歯類で，捕食者のタイプに対応して異なる音響特性をもつ警戒音声を出すことが確認された．一方で，捕食者のタイプにかかわらず，恐れの程度や緊急性などによって音声が変わるという結果になった種もあった（Blumstein and Armitage 1997b）．たとえば，キャンベルモンキー（*Cercopithecus campbelli*），コロンビアジリス（*Spermophilus columbianus*），キバラマーモット（*Marmota flaviventris*）などがそれである．警戒音声が捕食者タイプに対応しているのか，それとも恐れの程度を示しているのか，その違いは動物の分類群で決まっているわけではなさそうである．高等なサル類では捕食者ごとに言葉の使い分けが発達しているが，ネズミ類では恐れの感情表出にとどまっているというわけではない．その違いは，それぞれの種が生息する環境に起因している可能性がある．二次元的環境を利用するのか，三次元的環境を利用するのかがかかわっているといわれている（Macedonia and Evans 1993）．つまり，開けた草原にすみ，穴に潜って捕食者から逃れるジリス類

では，逃避行動が画一的であるためか，警戒音声が捕食者タイプで分かれるのではなく，逃避行動の緊急性を示すシグナルとなっていることが多い．それに比べると，一般的には三次元的に空間を利用する樹上性の動物で，樹上へ逃げるか，物陰に潜むか，捕食者タイプによって逃避行動を変える必要があり，捕食者タイプに対応した音声が進化しやすいのであろう．こうしてみると，樹上性リスであり，多様な捕食者に暴露された環境に生息するクリハラリスでは，捕食者タイプごとに異なる音声信号が進化しやすい条件がそろっていると考えられる．

（2）同じ声で違う意味

クリハラリスが音声を発する場面は，なにも天敵がいるときだけに限らない．前の章で書いたように交尾のときにも，音声信号はよく用いられている．オスたちは発情したメスのそばで「コキコキコキコキ」という独特の声で鳴く（図3.2A）．この声は，交尾のときに集まったオスたちがさかんに発するが，普段，個体どうしが出会ったときにも交わされることがある．また，メスが巣立ち直後の子リスを連れ立っているときにも，この声を出す場面が観察された．「コキコキコキコキ」とメスが鳴くと，子リスたちはメスのそばへもどってきた．この声は同種個体間の親和的な状況の下で発せられることが多い．一方，交尾直後にオスは「ワンワン…キッキッ…」という声で鳴き続けた（図3.2B，C）．この声を出している間，メスも周囲のオスたちも動きをとめていた．この声は，じつは，地上に潜むノネコなどの天敵に向けて出す警戒音声とそっくりに聞こえる．そして，ノネコに対して出す警戒音声によっても，それを聞いた周囲の個体は静止した．

交尾直後とノネコとの遭遇というまったく違う2つの場面で，同じ声を出しているとは考えにくい．人間の耳には同じに聞こえていても，細かく解析したら音響特性などが違うのかもしれない．そこで，大型飼育ケージ（6m×6m×3m高さ）にオス4個体，メス3個体を飼育し，ケージから2m離れた位置に設置したシェルターから観察を行った（Tamura 1995）．ケージ周辺にはノネコがときおり現れたため，その都度リスたちは警戒音声を出した．16カ月の飼育期間中に，ノネコへの警戒音声を39回録音した．また，この間，3個体のメスによる3回の交尾騒動が確認された．4個体のオスの

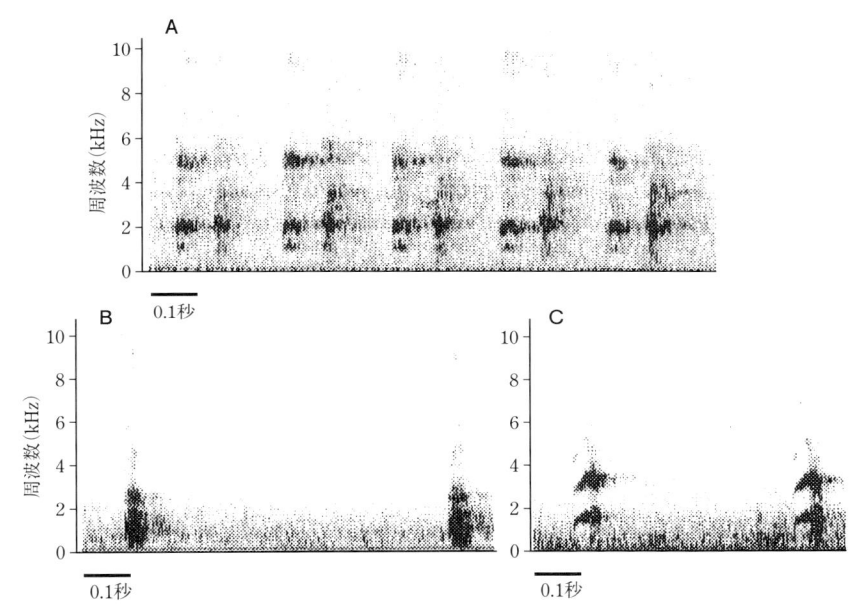

図 3.2 クリハラリスのオスが交尾騒動において発する音声.
A：交尾に集まったオスが出す交尾前音声（mating call），B：交尾直後に出す音声（はじめのワンワンという声），C：交尾直後に出す音声（途中からのキッキッという声）.

うち，交尾に参加しない1個体を除き，オス3個体の交尾後音声が記録できた．それぞれの状況で録音した音声を個体ごとにソナグラム分析してみることにした．この音声は，最初は「グワングワン」という幅広い周波数帯からなる雑音構造をしているが，しだいに「キッキッ」という8つの階層構造をもった独特の波形を示す音に変わる．幅広い周波数帯の音を強い音量で出す最初の音声は，発声者の位置を周囲に知らせやすく，障害物の多い林内において減衰しにくいため，遠くまで到達する．しかし，発声者のエネルギーを要するという意味で，不経済な音声といえる．それに比べて，後半の特定の周波数帯をもつ音は，少ないエネルギーを集中して発するため，経済的な音声となっている．長時間鳴くために，省エネ音声に切り替えていると考えられる．最初の雑音構造（タイプ1）と階層構造に切り替わった直後（タイプ

2）において，それぞれ音の継続時間，発声間隔を比較した．またタイプ2については8つの階層構造の周波数も比較した．その結果，周波数の高さや発声間隔には個体ごとに差がみられたが，同一個体の音声については，交尾直後と警戒音声では差がみられなかった．つまり，どちらの場合にもまったく同じ声を出しているということである．

しかし，もしかしたら，ソナグラムで解析できなかったような微妙な音声の違いで，リスは2つの音声を識別している可能性もある．そこで，録音したノネコへの警戒音声と交尾直後の音声を，餌場にきているクリハラリスに向けて再生してみた（Tamura 1995；図3.3）．再生時間は3分間，5分間，10分間という3段階を用いた．再生実験をする前にどのような行動をしていたかを記録し，再生直後の行動変化を記録した（図3.4）．まず，リスの音声とは関係ない雑音（ホワイトノイズ）を餌場で再生してみた．再生する前，リスがいた場所の比率は，地上，餌台，樹上にそれぞれほぼ等分の割合であった．再生中にも，地上や餌台に多くの個体が滞在し，逃避行動は誘発されなかった．つぎに，警戒音声を再生した実験を行った．もともといた場

図3.3 再生実験の様子．

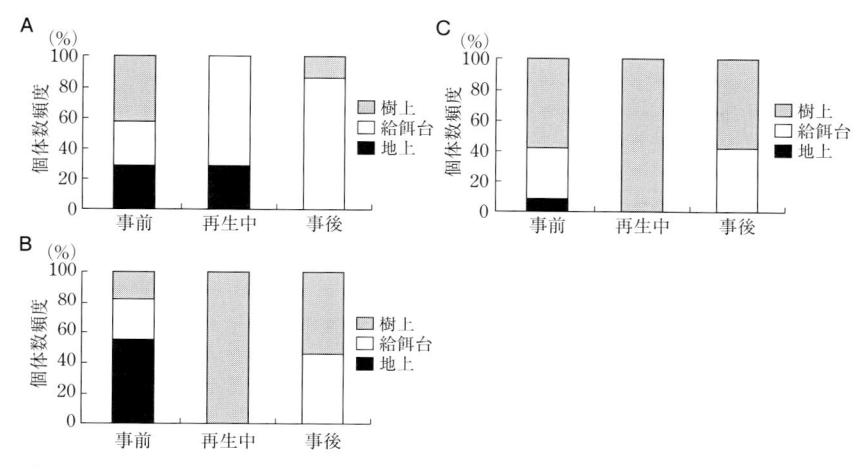

図 3.4 10 分間再生実験を行ったときのリスの位置.
A：コントロール，B：警戒音声，C：交尾後音声.

所の比率は，地上，餌台，樹上の順であったが，再生中は，地上や餌台には1個体もいなくなり，すべて樹上に移動した．しかも，再生音を聞いてリスが静止していた時間は，3分間再生した場合，平均 4.4 分，5分間再生した場合，平均 5.8 分，10 分間再生した場合，平均 12.2 分であり，再生音の長さに対応して静止時間も延びた．最後に交尾後音声を餌場で再生した結果である．もともと地上や餌台にも少なからずリスが滞在していたのだが，再生中は地上や餌台には1個体もいなくなり，すべて樹上に移動した．再生音を聞いてリスが静止していた時間は，3分間再生した場合，平均 5.1 分，5分間再生した場合，平均 6.6 分，10 分間再生した場合，平均 12.5 分で，やはり警戒音声のときと同様，再生時間に対応して静止時間が延びた．したがって，クリハラリスは自分たちの仲間が発する音声を識別して樹上に回避し，静止する行動をとっていること，そして，警戒音声と交尾後音声は区別していないことが明らかになった．餌場という状況で，警戒音声が聞こえたら，樹上に回避して静止するのは適切な行動である．だが，餌場で交尾直後のオスの声を聞いても，別に回避したり静止したりする意味はない．そもそも，なぜこのように状況の違う2つの音声が同じなのだろうか．

（3）状況判断の可能性

じつは，交尾直後にオスが音声を発するリス類は，クリハラリスだけではない．アイダホジリス（*Spermophilus brunneus*）やオグロプレーリードッグ（*Cynomys ludovicianus*），アメリカアカリス（*Tamiasciurus hudsonicus*），アベルトリス（*Sciurus aberti*）でも報告がある（Smith 1968；Farentinos 1974；Grady and Hoogland 1986；Sherman 1989）．また，コロンビアジリスでは，クリハラリスと同じように警戒音声とまったく同じ音声を交尾後に発することが知られている．2007年に，コロンビアジリスでも，私がクリハラリスで行った実験と同一方法の研究結果が報告されている（Manno *et al.* 2007）．それによると，ジリスでも実験的に警戒音声と交尾後音声を再生したところ，同様の逃避行動が喚起された．しかし，野外で剥製のアナグマを提示して警戒音声を流すと15分間も警戒姿勢を続けたが，アナグマの剥製を提示しない交尾後音声のみでは1.3分しか警戒姿勢を続けなかった．そこで，著者は同じ音声を聞いてもジリスはその音声の意味を状況から判断していると結論した．動物の音声信号では，ときとして同じような声をまったく違う状況で発することもめずらしくない．そもそも，動物は発声器官の構造上，あまり多様な音声が出せないことも考えられる．たとえ多様な音声を出せたとしても，周囲の雑音や環境によって効率的に伝達できない音声というものも存在する．多様な音声システムを獲得するよりも，同じような音声で用が足せればそれにこしたことはない．もし，動物が自分の置かれている状況で，音声の意味の違いを判断できるのであれば，同じ音声を異なる状況で使うことは効率的であるに違いない（Smith 1991）．

（4）「だまし」仮説

見通しのよい草原性のジリス類と違って，クリハラリスの生息する森林のなかでは，捕食者がいるかいないかの判断はむずかしい．交尾後音声を聞いたクリハラリスのオスは，ほんとうは静止してしまうのではなく，自分の子どもを残すためにメスを求めて動き回るほうがよいはずである．しかし，もし判断を誤れば，捕食されて死ぬ危険もある．だから，警戒音声ではないかもしれないが，あえて死の危険をおかすような行動には出られないのかもし

れない．

　そこで考えられる説明は「だまし」である．交尾直後のオスが警戒音声を出すことによって，メスも周囲のオスたちも樹上で静止する．ではなく，静止させられているのかもしれない．こうした反応は，交尾したオスにとって，とても都合がよい．クリハラリスは交尾のときに精子を挿入するだけではなく，交尾栓という蠟のような白いかたまりを挿入して，メスの膣をふさぐ．交尾直後，メスが動き回ってしまうと，交尾栓がかたまる前に精子が流出してしまい，確実な受精が阻まれる．もちろん，この間，ほかのオスが寄ってきて，メスを追い立てたり，交尾をしてしまえば，最初に交尾をしたオスの受精確率はさらに下がってしまう．だから，ほかのオスを寄せ付けないようにし，かつメスを静止させるためには，警戒音声を使うのがもっとも効果的というわけである．交尾栓は，ハイイロリス（$Sciurus\ carolinensis$），キツネリス（$Sciurus\ niger$），アベルトリスなどの樹上性リス類，オジロプレーリードッグ（$Cynomys\ leucurus$），カリフォルニアジリス（$Spermophilus\ beecheyi$）などの地上性リス，そのほかのネズミ類などでも知られている（Koprowski 1992）．交尾栓には，①精子が漏れ出てくるのを止める，②精子を貯める，③精子を押し込む，④後からの交尾を防ぐ，などの機能があると考えられているが，詳細な研究は少ない．ハイイロリスやキツネリスでは，メス自身が交尾栓を抜き取る行動が観察されている．メスが，あえて交尾栓を抜き，精子間競争を誘発するという興味深い行動である．クリハラリスでは，メスが交尾栓を抜き取っているかどうか確認はできなかったが，交尾騒動のさなか，取れた交尾栓が落ちてくることがあった．つぎつぎと別のオスが交尾を繰り返すのであるから，交尾栓の機能は，ほかのオスの受精を完全に妨ぐというものではなく，精子を確実に流入するための短期的な働きでしかないのかもしれない．

　交尾後にオスたちが静止するということは，交尾栓を確実にかためること以外にも利点がありそうである．射精直後のオスは，寄ってくるオスたちを追い払うだけの体力的な余裕はない．30分間も警戒音声を出し続けるのは体力が消耗するが，それでも，あちらこちらから挑戦してくるオスたちを追い払って回るよりは効率のよい撃退方法であろう．また，メスが静止していることも交尾直後のオスには都合がよい．鬱蒼と茂った森のなかでは，メス

が動き出してしまえば，その後を付いて回って防衛し続けるのが困難だからである．いずれにしても，交尾直後にオスが"警戒音声と思わせる"音声を出すことは，理にかなっているわけである．動物では音声信号を「だまし」的に利用する事例が，じつは意外とたくさん報告されている．シジュウカラ（*Parus major*）では，偽りの警戒音声を出すことによって餌場を独占したり，セキショクヤケイ（*Gallus gallus*）のオスは交尾をするために，餌があるかのごとき音声を使ってメスをおびき寄せたりする（Gyger and Marler 1988；Møller 1988）．人間以外の動物においても，音声がただの感情の表出ではなく，言葉としての機能をもち始めたとたん，他個体を操る道具となる可能性を秘めているのである．

（5）儀式化した合図

さらに別の考え方もある．リスたちはほんとうにだまされているのだろうか．もしかしたら，ノネコがいないことをわかっているのではないだろうか．交尾直後に警戒音声を利用して周囲を静止させる行動は，確かに最初は「だまし」から始まったのかもしれない．だが，すでにリスたちは，交尾騒動のさなか，ノネコなんていないことはわかっているのかもしれない．リスたちはわかったうえで，それを「静止せよ！」というシグナルとして利用している可能性もある．一般的に配偶行動のなかでは，追いかけ合いなど体力を消耗する余計な行動を避け，より儀式化した行動に置き換わっている事例も多い．たとえば，有蹄類のオスでみられる角突き行動は，実際には，角をみせ合うだけですんでしまう．ほんとうに命がけの争いはめったに起こらないという．クリハラリスは順位の高いオスが交尾後音声を張り上げていることで，「いまはメスを防衛中だから，寄ってきても追い払うぞ！ むだな追いかけ合いをしないで静止しろ！」という合図を出しているのかもしれない．クリハラリスがなにを考え，どこまで認知しているのか．これを解明するのは興味深いが，奥も深そうである．

1つの方向性としては，飼育下でいろいろな条件を設定して，音声やその反応についての実験を組むことである．野外では，それぞれのリスが置かれている状況をすべて把握することはできないし，条件をそろえて反応をみることもむずかしい．たとえば，「交尾後にオスを鳴かせないようにしたら，

メスや周囲のオスにどのような行動が起こるのか」とか「ノネコなどの天敵をみたこともない環境で飼育し続けてきたリスたちも，交尾後に警戒音声を発するのか」など，飼育下でコントロールすれば，いろいろな実験が可能であるに違いない．しかし，私はもう1つ別の方向で，音声信号の進化を考えたいと思っていた．種間比較という方法である．クリハラリスは，これまでに研究されてきた樹上性リスのなかでも際立って音声信号を発達させていることがわかってきた．クリハラリスに近縁なほかの種ではどうなのだろうか．クリハラリスが属する *Callosciurus* 属は東南アジア一帯に分布し，15種に分けられている（Corbet and Hill 1992）．いずれも，音声信号は当然のこと，そのほかの一般的な生態的知見はほとんど得られていない．この *Callosciurus* 属の種間で，あるいは音声信号が未発達な種から発達している種まで，変異がみられるかもしれない．それぞれの種の生態を比較することによって，どのような環境で音声信号が進化してきたのかがみえてくるに違いない．博士課程を修了した私は，日本学術振興会の特別研究員に採用され，東南アジアにおける *Callosciurus* 属の音声研究をすることにした．

3.2 多様な音声の世界

（1）リスの宝庫マレーシアへ

当時，国立科学博物館の研究員であった吉行瑞子さんの紹介で，マレーシアのクアラルンプールにあるマラヤ大学の Yong Hoi-Sen 教授に手紙を書いた．教授は快く受け入れてくださることになった．1990年3月，私はマレーシアに向かった．格安の夜行便を利用し，早朝3時にクアラルンプールの空港に到着した．ムッと生暖かくまっくらな空港に降り，当分きそうもない市内へ向かうバスを，期待と不安のなかでひたすら待っていた時間が忘れられない．大使館へ行き，手続きをした後，マラヤ大学を訪ねた．にこやかで温厚な教授にお会いした途端ほっとしたが，英語が聞き取れず，すぐさま不安な気分になった．教授は調査地としてマラヤ大学の野外施設があるウル・ゴンバック（Ulu Gombak）をすすめてくれた．ここはクアラルンプールから50 kmほど内陸に入った，標高約240 mの丘陵林である．マラヤ大学の

図 3.5 ウル・ゴンバックの研究施設.

卒業研究や野外実習の授業などのために宿泊施設や実験室があり，申し分ない調査環境であった（図 3.5）．ウル・ゴンバックとはゴンバックの奥地という意味である．ゴンバック川の川沿いは二次林でタケ類やラタンなどが多い藪であるが，斜面上部には比較的手が加わっていない一次林も残っている．川沿いにはオランアスリとよばれる現地の住民が，5-6 軒ほどの集落をかまえている．かれらの家のまわりは，林が刈り取られ，バナナ，ココヤシ，パパイヤなどが植えられていた．ここは，クアラルンプールから車で 1 時間という便利な立地でありながら，森のなかなので電話もない．携帯電話などという便利なものはまだない時代だったので，月に一度手紙を日本へ送るくらいしか近況を伝える手段はなかった．調査地の宿泊施設には電気が通じていない．発電機を回して，夜間などとくに必要なときだけ電気をつけることになっている．しかし，宿泊するのは私ひとりであることがほとんどなので，そのうちひとりのときは電気をつけずにすますようになった．だから，7 時の日の出とともに活動を開始し，日の入りの 19 時には就寝する，というきわめて健康的な生活が始まった．料理のためのプロパンガスは，町まで行って手に入れられる．しかし，冷蔵庫はないので，卵や缶詰などが中心となる．週に一度町で開かれるサンデーマーケットに出かけ，野菜，肉，魚などを買って帰り，その日だけはまともな食事をした．というわけだから，食生活は

やや不健康であった．ここでは，山の斜面から湧き出る水をタンクに一度貯めて，そこから水道を通しているので，蛇口から水を出すことができる．実際には，頻繁にパイプが壊れ，水道が出なくなった．その場合，近くを流れているゴンバック川の水を直接使う．炊事，洗濯，それに行水も川ですませた．

（2）マレーシアのリス

毎朝6時30分に起き，軽く朝食をすませて7時にはセンサスを始める．双眼鏡，フィールドノート，音声録音用のレコーダーとマイクを手にゆっくりと森のなかを歩く．これまでの調査と違うところは，リスをみてもまずは双眼鏡ごしに毛色などを細かく観察し，種名を判別しなくてはならないことである．必ず1種のリスしか生息していなかったいままでの調査地では考えられないぜいたくな悩みであった．図鑑はすでに何度も穴があくほどみてきたので，毛色や体のサイズなど特徴は頭に入っている．しっかりみれば種はわかるはずなのであるが，暗い森のなかですばやく動くリスを瞬間でとらえ特徴を見分けるのは，けっこうな集中力を要する．細かくみないでも行動やプロポーションで判別できるようになるのは，かなり先のことであった．

私はとりあえず，クリハラリスと同じ *Callosciurus* 属の音声の種間比較をしたいと思っていた．クリハラリスは前述のとおり，音声信号をたくみに利用する種である．同じ仲間が同じところに何種も生息するマレーシアでは，それらの種がどのような音声信号をもっているのか，一度にわかる．それに，もしかしたら，種間比較することによって，どのように音声信号が進化してきたのかわかるかもしれないと思った．

Callosciurus 属の学名は，ラテン語でカラフルなリスという意味である．なかでも，ミケリス（*Callosciurus prevosti*）は，背面が黒く，腹面がオレンジ色，脇にまっしろい筋があり，美しく3色で色分けされたまさに「三毛リス」なのである（図3.6）．カラフルなリスという意味には，「色鮮やかな」という意味のほかに，「多様な色彩変異」という意味があるように思える．このグループのリスの多くは，同種のなかでも地域個体群や個体ごとに毛色がかなり違うことがある．たとえば，フィンレイソンリス（*Callosciurus finlaysonii*）という種は，その色彩変異の多様さが際立っている．全身

図 3.6 ミケリス（*Callosciurus prevosti*）．

が黒い個体，赤茶の個体，白い個体，背面が黒く腹部が白い個体，背面が赤く腹部が茶色の個体などなど，その毛色の組み合わせは多様である．これが地域変異としてみられるだけではなく，同じ地域のなかでも個体変異としてみられる．つまり，同じ森のなかで，黒いリスや白いリスがいる．毛色だけみていると，とても同種とは思えない．したがって，毛色などの特徴からたくさんの亜種に分けられたり，まとめられたり，ハイガシラリス属15種の分類はまだ検討が必要とされている．*Callosciurus*属の5種において，ミトコンドリアのチトクローム*b*遺伝子による系統解析が試みられている（Oshida *et al.* 2001）．その結果，タイなどインドシナ大陸に分布する3種（*Callosciurus erythraeus, Callosciurus finlaysonii, Callosciurus caniceps*）とマレー半島やボルネオなどのスンダランドに生息する2種（*Callosciurus prevosti, Callosciurus nigrovittatus*）は別々のグループに分けられることが明らかになり，この地域の地史的変動を説明する有効な指標であることが示唆された．

　マレー半島にはこのうち5種の*Callosciurus*属が分布している．私はウル・ゴンバックの調査地でよくみられる3種を調査の対象とすることにした（図3.7）．それにしても，同じ*Callosciurus*属とはいえ，ほんとうにみんなクリハラリスとよく似ている．とくに，ハイガシラリス（*Callosciurus caniceps*）はクリハラリスそっくりである．ハイガシラリスは，またの和名をタイワンリスという．実際には本種は台湾には分布していないが，標本の毛色をもとに行った昔の分類では，台湾南部のクリハラリスがハイガシラリスと

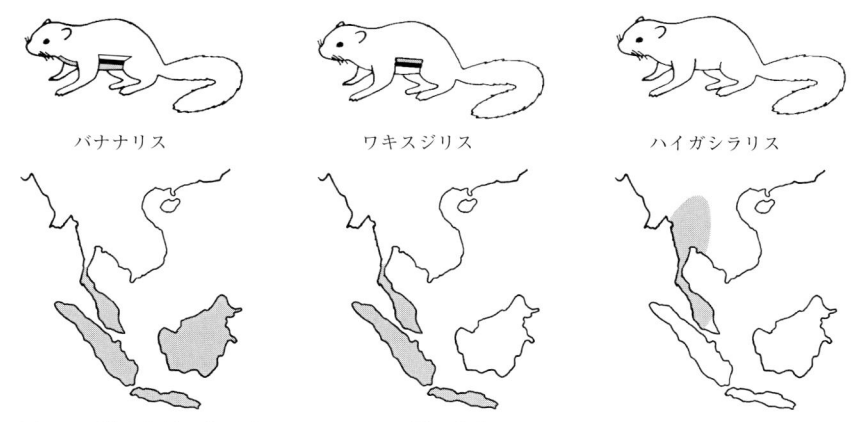

図 3.7　調査を行った3種の *Callosciurus* 属の分布.

されていたためである．確かに背中は灰褐色，腹部は灰色という色合い，体重約 330 g という大きさ，いずれの特徴もクリハラリスそのものである．調査地にはこのほか，バナナリス（*Callosciurus notatus*）という美しいリスがいた．このリスは，バナナやアブラヤシなどの人為的な疎林でも普通にみられる種である．マレーシアに到着した朝，クアラルンプールの町中にあるブキットナナスという孤立緑地ではじめて出会ったリスも，この種であった．美しい見かけによらず，意外とたくましい生きざまをしているようである．背中は灰褐色であるが，腹部は赤色，脇に黒と白のストライプが入っている．ハイガシラリスよりも手足が長く華奢な感じがする．体重 250 g くらいである．さらに，ワキスジリス（*Callosciurus nigrovittatus*）という種が生息していた．背中は灰褐色，腹部は純白，脇に黒とクリーム色のストライプが入っている．体重は 270 g くらいなので，バナナリスよりも少し大きいのだが，この程度の差は野外観察ではめだつ特徴とはならない．お腹の色だけが識別点である．樹上に生活するリスをわれわれ人間は下から眺めるのであるから，腹部の色の違いはみやすいだろうと思うかもしれない．しかし，現実には，暗い森のなかで逆光でみるのだから，色は意外と見分けにくい．けっきょく，捕獲して首輪を装着し，さらに，尾の毛のさまざまな部分を少しずつ刈り込むことによって，個体識別をすることにした．尾の刈り込みは薄暗い森のな

かでもシルエットとして鮮明にみえるので，細かな色合いがみえないときには識別の手助けとなった．

　これら3種を重点的に比較することにしたが，このほか，調査地には5種のリスが生息していた．ミケリスは，大型の *Callosciurus* 属で魅力的な種であったが，めったにみることができなかったので，調査対象から外した．ハナナガリス（*Rhinosciurus laticaudatus*）は鼻先が長く，リスらしからぬ顔つきである．地上を利用しているが，めったに出会うことはない．ミスジヤシリス（*Lariscus insignis*）も地上性のリスであり，こちらは頻繁に観察されたし，捕獲用のワナにもかかることがあった．チビオスンダリス（*Sundasciurus lowii*）は小型のリスで，調査地ではよくみかけた．*Callosciurus* 属と違って，尾を上げる独特の行動が特徴的である．夕方，薄暗くなってセンサスからもどる決まった時間，同じ大木から大きなオオアカムササビ（*Petaurista petaurista*）が飛び立つ姿がみられた．少なくとも8種のリス類が狭い範囲で共存しているのであるから，熱帯林の生物多様性はすごいものだと実感した．

（3）リスたちのさえずり

　ウル・ゴンバックで調査を始めて数日後，ハイガシラリスの交尾騒動に出くわした．いつもよりも多くのハイガシラリスが，追いかけ合いをあちらこちらでしている．この状況は，まさしく交尾騒動の特徴である．しかし，オスがメスを誘う声がしない．しばらく様子をみていると，1個体のオスが私の間近まできて，いきなり「ヒュルルルルル」と美しい声を上げた（図3.8）．気がつくとあちらこちらで，この「ヒュルルルルル」が聞こえるではないか．どうやら，ハイガシラリスのオスがメスを誘う声は，この「ヒュルルルルル」だったらしい．マレーシアの森のなかは，セミ，テナガザル，カエル，たくさんの鳥たちでかなりさわがしく，しかも，私にはあまりなじみのない声ばかりである．この「ヒュルルルルル」という音も，たくさんいる鳥の一種だろうと思っていた．あまりにもリスの声のイメージとかけ離れている．そういえば，クリハラリスのオスがメスを誘う「コキコキコキコキ」という声も，リスらしくない感じのする声ではある．意表をつかれつつも，あわてて録音しながら行動を記録していった．

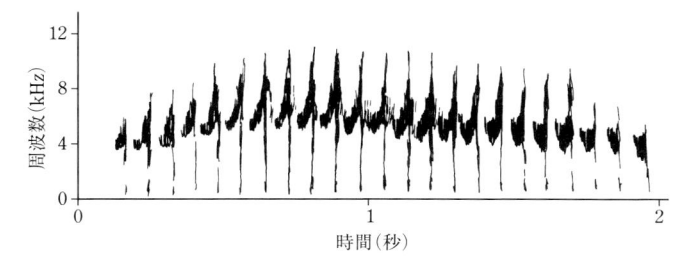

図 3.8 ハイガシラリス（*Callosciurus caniceps*）の交尾前音声（mating call）．

オスがメスをよぶこの声は，クリハラリスとずいぶん違う声ではあったが，その声の使い方や機能は似ているようであった．発情したメスの行動圏付近に集まったオスたちは，あちらこちらでこの声を出しながらメスを誘っている．おそらく順位が高いと思われるオスはメスのそばに付き添い，ほかのオスが寄ってくるのを追い払いつつ，メスと交尾をするチャンスを狙っている．うまくメスと交尾をすると，オスは「ガガガ…ワンワン…キッキッ」と鳴き続けるのである．オスが鳴いている間中，メスもほかのオスたちも静止するのは，前に書いたクリハラリスの交尾とまったく同じである．さらに，ひとしきり鳴いた後，交尾したオスが立ち去り，別のオスが順番にメスに付き添うのも，クリハラリスとまったく同じであった．その後も 11 回ハイガシラリスの交尾騒動に遭遇し，音声の録音と行動観察を行った．集まったオスの数は 6-8 個体，このうち 4-6 個体のオスとメスは順番に交尾した．交尾後にオスが鳴き続ける時間は 12 分から 35 分であった（Tamura 1993）．

バナナリスの交尾騒動については，5 月に入ってようやく遭遇し，その後 7 回の交尾騒動を観察することができた．しかし，ハイガシラリスの交尾騒動のように派手ではなかった．オスがメスを誘う声は高く細い金属音で，「チンクチンク…」と聞こえる．この音はとても聞き取りづらい．音響学的にいうと，低い音は障害物のある環境でも減衰しにくく，遠くまで聞こえるのに対して，高音は減衰しやすく遠くまで届かない（図 3.9）．また，広い周波数帯をカバーしているハイガシラリスの音声の特徴は，発信源を特定しやすい音響特性をもっているが，周波数帯が狭いバナナリスのほうは発信源が特定しにくい．バナナリスはハイガシラリスのように頻繁に鳴かない．ど

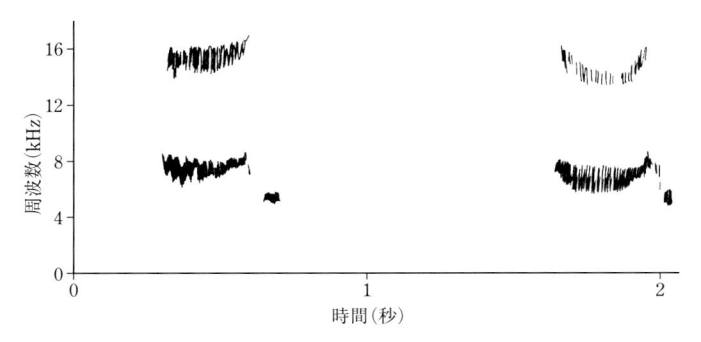

図 3.9 バナナリス (*Callosciurus notatus*) の交尾前音声 (mating call).

うやらメスを声で誘うというよりも，メスのそばへ近づいていって，そこで「チンクチンク…」と優しく鳴くといった具合である．一方で，オス間の追いかけ合いは激しく頻繁にみられる．交尾をした後，オスは「ガキッガキッ…」と鳴くが，長くは鳴き続けない．交尾後音声の継続時間は 30 秒から 8 分であった．オスは長く鳴かず，ただずっとメスのそばに位置し，警戒しながらほかのオスが近づけないように見張っている．集まったオスの数は 5-7 個体，交尾したオスの数は 2-4 個体であった．このように，バナナリスとハイガシラリスでは交尾騒動における音声信号の特徴や使い方が違うことがわかった (Tamura 1993).

ワキスジリスに関しては，調査地では個体数が比較的少なかったため，2 回しか交尾騒動を目撃できなかった．集まったオスの数は 5 個体と 7 個体，交尾したオスはそれぞれ 4 個体，5 個体であった．オスがメスを誘う声は「ヒュンクヒュンク…」という声である．この声のリズムは，ハイガシラリスよりはバナナリスと似ているが，音量はそれより大きく，聞き取りやすく，森のなかに響くような声の構造であった（図 3.10）．交尾の後，オスは「ガガガ…キリッキリッ」と鳴くが，長く鳴くことはない．数秒から最大でも 5 分程度であった．むしろ，交尾後音声を発するやいなや，ほかのオスたちが集まってきて，激しい追いかけ合いになる．そしてメスを見失い，混沌とした追いかけ合いが続くなか，別のオスがメスをみつけて盗み交尾をする．ハイガシラリスのように秩序正しい交尾とはいえないし，バナナリスのように

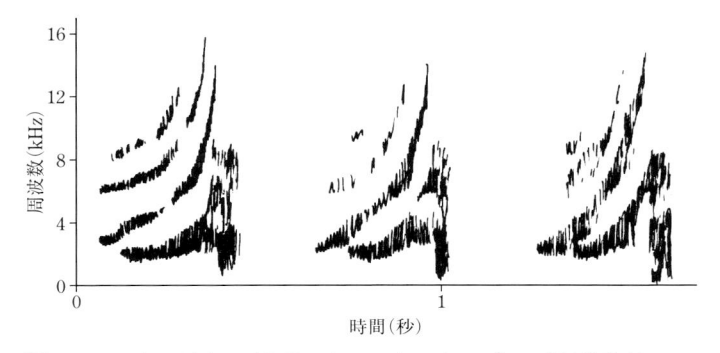

図 3.10 ワキスジリス（*Callosciurus nigrovittatus*）の交尾前音声（mating call）．

追い払い行動が通用しているようでもない．結果的には，私が観察している以上に多くの盗み交尾があった可能性がある．つまりワキスジリスは，メスを誘引するときは音声を使い，交尾後メスやほかのオスたちの動きを止めるためには，音声をほとんど利用していないわけである．

Callosciurus 属では，交尾前にオスが発する音声が種ごとに違っていた．毛色も大きさもそっくりなクリハラリスとハイガシラリスがまったく違う交尾前音声（mating call）を出していた．クリハラリスでは「コキコキコキコキ」，ハイガシラリスでは「ヒュルルルルル」である．また，バナナリスでは「チンクチンク」なのに，それに似ているワキスジリスでは「ヒュンクヒュンク」である．同じような大きさのリスが一緒に暮らしていても，交尾前音声を聞けば，どの種かすぐにわかる．これはちょうど鳥類が繁殖期になわばりを宣言したり，メスを誘引するために用いる「さえずり」に相当する機能をもっているのではないだろうか．同じところに近縁種がすんでいながら，交雑することなく，同種個体とだけ配偶するためには，種ごとに異なる「さえずり」が重要な働きをもっているのだろう．

（4）樹上性リスの音声信号

樹上性リス類の音声信号は，その機能からつぎのように大きく6つに分けられている（Emmons 1978）．①接触を求める音声（contact seeking call；

同種個体への社会的状況で用いられる），②防衛音声（defensive call；同種個体あるいは捕食者など異種に対して近距離で用いられる），③警戒音声（alarm call；捕食者への警戒時に用いられるが，その強さによって，AとALの2タイプに分けられる），④苦痛の音声（distress call；同種または異種からの強いストレスに対して発せられる），⑤乳児の呼び声（isolation call；巣から落ちたときなど長距離信号），⑥乳児のカチカチ音（ticking call；おもに母親への短距離信号）．このうち，おとなのリスで知られているのは最初の4タイプである．Emmons（1978）は，アフリカの熱帯林に生息する9種の音声と北アメリカの冷温帯林に生息する5種の樹上性リス類および北アメリカの9種のジリス類について，それぞれの音声の構造を比較した．基本的には，生息環境の違いにかかわらず，リス類は上記6タイプの音声をそれぞれもっているようであった．しかし，その音声の構造は一般的には種によってかなり異なった．ただ，通常の警戒音声であるAタイプはどの種においても同じようで，短く広い周波数帯域をもった定位しやすい構造である．より強い警戒音声であるALタイプは，北アメリカの樹上性リス類では報告されていない．このALタイプは，ジリス類とアフリカのリス類で共通してみられ，その多くは長く続き，低い周波数帯にピークをもつ．全体的な傾向として，アフリカ熱帯林のリス類では，冷温帯の種に比べて，低い周波数の音声を長く発する傾向がある．この特徴は障害物の多い密林のなかで音声を効率的に伝搬するためであると考えられている．

　しかし，ほかの地域のリス類で，音声信号についての研究はまだほとんど行われていない．今後，Emmons（1978）の分類に，さらにほかのタイプが加わる可能性もある．マレーシアの *Callosciurus* 属のさえずり（交尾前音声）は，この分類でいうと，おそらく「①接触を求める音声」である．一方，交尾後音声についての記載はEmmons（1978）の分類にはないが，機能を考えれば，「②防衛音声」である．捕食者への「③警戒音声」は，ハイガシラリスでは頻繁に確認された．また，あまり頻繁ではないが，バナナリスの交尾騒動では，オスどうしの追いかけ合いの最中，追いつめられた劣位のオスが激しく「キューキュー」と鳴きながら逃げた．これは「④苦痛の音声」といえるかもしれない．

　センサス中に，巣から落下したバナナリスのメスの子を拾った．目も開い

ていない乳児はそのとき，さかんにチーチーという大声をあげていた．これは⑤のタイプ，母親に助けを求める音声であったと考えられる．しかし，母リスはなかなか現れなかった．私はこの乳児とウル・ゴンバックの施設で共同生活をすることにした．拾った直後から，この子リスはいろいろな声を発した．もちろん，乳を求める声である⑥のタイプも頻繁に記録された（Tamura and Oba 1993）．したがって，*Callosciurus* 属においても，少なくとも Emmons（1978）が分類した6タイプの音声はすべて認められたことになる．

その後 2-3 カ月も経つと，バナナリスの子は，勝手に森に出ていき，そこでいろいろなものを食べているようであった．しかし，夕方になると必ず私の部屋にもどってきた．そして私の夕食に参加してくることもあった（図 3.11）．そんなときに，かのじょは，チンクチンクというおそらく①タイプの声（接触を求める声）を出しながら寄ってきた．夜は，私の部屋の屋根裏で寝ていた．おもしろいことに，生後2カ月ごろ，子リスはだれにも教えられたこともないのに，③タイプの音声（警戒音声）を出した．しかし，その相手はなんの危険性もないヤモリやトカゲであった．本来ならば，母親が警戒すべき対象を伝えている時期なのであろう．子リスとの共同生活を通して，リスの母子間で多様な音声がやりとりされている可能性を感じた．また，リスの母子の接触が離乳後も比較的長期間継続することもわかった．

話をもとにもどすことにしよう．マレーシアの *Callosciurus* 属のさえずりは種差が明確であったが，警戒音声は3種の間でとてもよく似た音声構造をもっていた（Tamura and Yong 1993）．とくに，上空から襲ってくるワシタ

図 3.11 乳児のころから育てたバナナリスが食事時にやってくる．

カ類への音声やヘビ類に対するモビング音声において，3種の違いはほとんど認められなかった．実際に，別種の個体がワシタカへの警戒音声を発した場合でも，瞬間的にフリーズする回避反応を的確に示した．また，モビングには別の種の *Callosciurus* 属のリスが集まり，協同してヘビへの攻撃をする行動も観察された．警戒音声においては，共通の敵をもつ種どうし，とくに異なる音声構造を必要としていないのかもしれない．しかし，警戒音声のなかで，地上性捕食者への音声信号は種によって違いがみられた．ということはつまり，交尾後音声にも，種による違いがあるということである．バナナリスに比べて，ワキスジリスやハイガシラリスは大きい声で長く鳴く．しかも，バナナリスでは周波数のピークが明確でないのに，ワキスジリスでは 3.5 kHz，ハイガシラリスでは 2 kHz と 4 kHz に周波数ピークがあった．この違いはなぜなのだろうか．

3.3 音声信号の進化

(1) 利用空間の種差

マレーシアの *Callosciurus* 属では，交尾行動における音声信号の使い方が種ごとに違っていた（表 3.1）．ある種は交尾後音声を使うが，別の種はほとんど使わない．同じ調査地にすんでいるのに，なぜ違いがあるのだろうか．ウル・ゴンバックの森は丘陵林であり，低地林に比べて最大樹高はそれほど高くない．しかし，比較的人間の手が加わっていない斜面上部の林では，25 m 以上の高木が林立していた．一方，ゴンバック川沿いの竹林や藪は樹高

表 3.1 *Callosciurus* 属 3 種の交尾行動の違い．

	バナナリス	ワキスジリス	ハイガシラリス
観察例数	7	2	11
交尾騒動に集まったオスの数	5-7	5-6	6-8
交尾したオス	2-4	4-5	4-6
追いかけ合い回数/1 時間	3.3-4.7	4.5-4.8	0.4-1.0
交尾前音声頻度/1 時間	6-96	153-200	69-334
交尾後音声の長さ（分）	1-8	1-10	12-35

10 m 以下の密生した低い林である．さらに人家周辺や道沿い，森林のギャップ部分では樹木が少なく，開けた環境になっている．ワナで捕獲し，首輪や毛刈りによって識別した個体が，それぞれどの植生環境を利用しているのかを調査した．まず，20 m×20 m のグリッド 25 個を調査地内に約 50 m 間隔で設置し，そのなかの樹木の樹高をすべて計測した．それぞれのグリッドを含んだセンサスコースを 1 日に朝夕 2 回巡回し，目撃したリスの種を記録した（Tamura and Yong 1993）．

　ハイガシラリスは，樹高 10 m 未満の低木本数が多いグリッドで目撃頻度が高くなる傾向がみられた．一方，ワキスジリスでは，樹高 25 m 以上の高木が多いグリッドで目撃された．また，他 2 種と比べて，バナナリスは低木も高木も少ないグリッドで頻繁に目撃された．つまり，3 種がよく目撃される植生環境はそれぞれ違っていた．ハイガシラリスは低木本数が多く，高木が少ない川沿いの環境に行動圏をかまえる傾向があった．その結果とも考えられるが，かれらを目撃したときの高さは樹高 5 m 前後であることがもっとも多かった．バナナリスは低木も高木もあまり多くない開けた人家周辺やギャップに行動圏をかまえる傾向が高く，利用する樹高は 10 m くらいを中

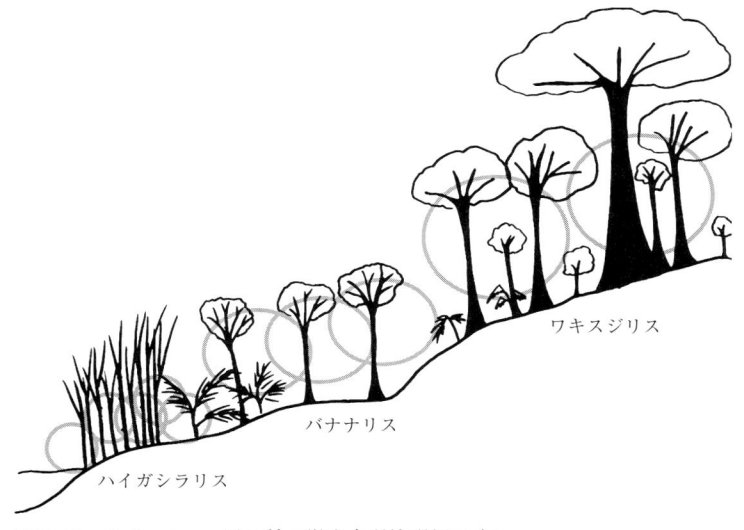

図 3.12　*Calloasciurus* 属 3 種の微生息環境選択の違い．

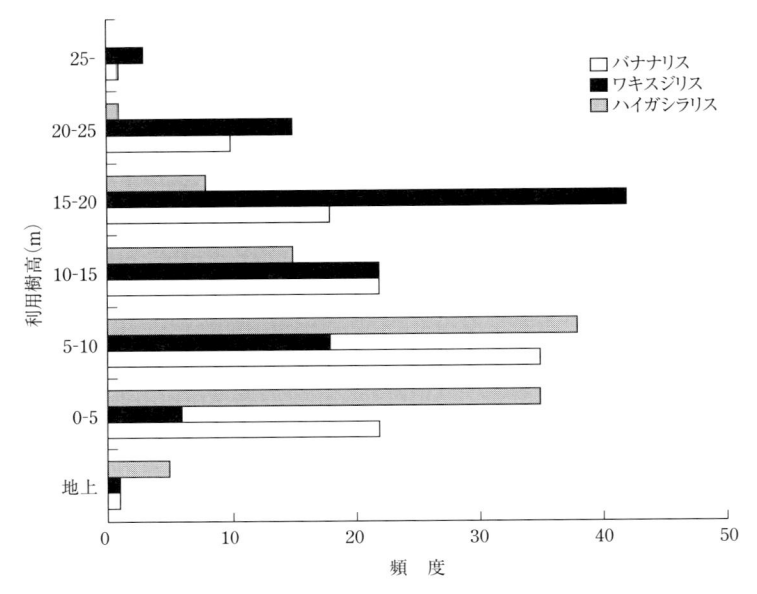

図 3.13 *Calloscirus* 属 3 種の利用樹高（樹高別目撃頻度）の違い.

心として比較的広範囲であった．ワキスジリスは調査地のなかでは，高木が多く，低木が少ない斜面上部の林に生息していた．その結果，よく利用する高さは 15 m 以上であり，3 種のなかでは高い位置を利用する種であった．つまり，3 種は同じ調査地に生息してはいたが，細かくみると，好む生活空間は異なっていることが明らかになったわけである（図 3.12，図 3.13）．

（2）熱帯林でのリスの多様性

熱帯林で多様な種のリスが同じ森林内に生息しているという現象について，有名な研究例がある．アフリカのガボンの熱帯林では，6 属 9 種もの昼行性リス類が生息している（Emmons 1980）．このうち 2 種は氾濫原や開けた環境にすむが，残りの 7 種は熱帯林内でみられる．もっとも大きいウスゲアブラヤシリス（*Protoxerus stangeri*）は体重約 700 g，もっとも小さいアフリカコビトリス（*Myoscirus pumilio*）は体重 16 g と，体の大きさはいろいろである．それぞれの種が利用する樹高を比較すると，樹上を利用する 4 種，

地上をおもに利用する3種に分けられる．食物中に果実が占める割合は，アフリカコビトリスの33%から，テミンクアフリカヤシリス（*Epixerus ebii*）の98%まで変化に富んでいる．昆虫などの節足動物が占める割合は，ウスゲアブラヤシリスではわずか0.4%であるが，アフリカコビトリスでは36.8%と高い．

　温帯林と比べて熱帯林で多様な種が同じ森林内で共存する理由として，Emmons（1980）は第1に一年中餌として果実が利用可能であることをあげている．一年中樹上で果実が実ることで，樹上だけで暮らすニッチ，あるいは地上だけで暮らすニッチがそれぞれ確立する．温帯林では，冬に種子や果実が落下してしまうため，樹上性リス類も地上に下りて落下種子を採食したり，貯食したりする．樹上と地上をともに利用する生活が必須である．第2にあげられる要因は，体のサイズの変異である．温帯では，リスの体のサイズが必ずしも利用する種子のサイズと合致しているわけではない．しかし，ガボンでは，大きいリスが大きい果実を利用し，小さいリスが小さい果実を利用することが可能である．それほど植物の多様性が高いのである．第3に，アリ，シロアリ，昆虫の幼虫など節足動物の現存量が熱帯林では多く，こうしたメニューが小型リス類の生息を可能にしている．世界最小のリスであるアフリカコビトリスは，樹皮を剝がしてなかの節足動物や菌類を餌としている．リスとしては特殊な採食様式であるが，こうしたニッチは温帯林ではみられない．

　同じように，東南アジアの熱帯林では，やはり体の小さなボルネオコビトリス（*Exilisciurus exilis*）が樹皮を剝いで昆虫や菌類を食べることが知られている（Payne *et al.* 1985）．東南アジアの熱帯林でも，アフリカと同様，多様な昼行性リス類が共存している（MacKinnon 1978; Payne 1980）．マレーシアで同じ森林に生息する4属9種の昼行性リス類の調査を行った報告によると，もっとも大型な種クロオオリス（*Ratufa bicolor*）は体重1kg以上もあり，樹高30m以上の樹冠部をおもに利用する．ついでクリームオオリス（*Ratufa affinis*）やミケリスが樹上の高い部分を好んで利用する．小型のホソソンダリス（*Sundasciurus tenuis*）は体重が約70gで，地上から樹上5m以下のレベルで多くみられた．*Ratufa*属は果実食の割合が高く，*Callosciurus*属は果実のほかに節足動物が占める割合が高く，*Sundasciurus*属で

図 3.14　インドオオリス（*Ratufa indica*）（浅利裕伸氏撮影）.

は樹液や樹皮が多く占められていた．さらに地上部のみを利用する *Lariscus* 属のリスもいる．アフリカと東南アジアの熱帯林では，共通して，体のサイズ，利用する樹高，食べものがそれぞれ異なるリス類によって多種共存が成り立っている（図 3.14）．

こうした熱帯林のリス類の多様性は，容易に攪乱される可能性があることも指摘されている．安田（2008）によると，一見似たようにみえるマレーシアの一次林と二次林において，生息するリス類の種構成が異なる．二次林は一次林に比べて大径木が少なく，利用できる空間が垂直方向に薄くなる傾向がある．また，果実の生産量も少なめになる．こうしたことにより，一次林に比べて，林冠部を利用する樹上性リス類の密度が少なくなることが明らかになった．

同じ熱帯林でも，南アメリカ大陸ではリス類の多様性は必ずしも高くない．パナマの熱帯林では，*Sciurus* 属 2 種が共存しているのみであった（Granz 1984）．この 2 種はともに樹上を利用する点で違いはないが，餌として堅い種子を利用する傾向があるものと，やわらかい果実を好むものとに分かれていた．リスの祖先が南アメリカ大陸に侵入したのは，ほかの地域と比較してかなり遅く，パナマ地峡が陸続きになった鮮新世以降（300 万年前）である

と考えられている（第1章1.1(1)参照）．それ以前にすでに南アメリカ大陸にはタマリンなどの小型サル類が侵入し，かれらが樹上の資源を利用するニッチを占めてしまった（Hershkovitz 1972）．同じ森林に生息するワタボウシタマリン（*Saguinus oedipus*）とコクモツリス（*Sciurus granatensis*）の生態を比較した研究によると，タマリンは昆虫ややわらかい果実などを好んで利用し，リスが堅い大きめの種子を利用する傾向があった（Garber and Sussman 1984）．また，タマリンは細い枝を利用して枝先を移動するが，リスは太い樹幹部を移動するという違いもある．南アメリカの熱帯林では，サル類が利用しにくい資源の隙間をリス類が利用している状況なのであろう．

（3）音声信号と生息環境

私が調査したマレーシアの *Callosciurus* 属においても，種ごとに利用する植生環境が違っていた．このような植生環境への適応の違いが，音声信号の使い方に大きく影響している可能性がある．見通しが悪い藪に好んで生息するハイガシラリスでは，音声信号を個体どうしのコミュニケーション手段として有効に利用していると考えられる．また，高木が林立する森林にすむワキスジリスでも，音声信号は重要なコミュニケーション手段となっているだろう．しかし，それに比べて開けた見通しのよいところを好むバナナリスでは，音声信号を使うまでもなく，視覚によって個体間干渉が成り立ってしまうのである．したがって，バナナリスの交尾騒動では音声信号でオスの位置を知らせ，メスを誘引する必要はない．むしろ，開けた林では自分の位置がわかる音声を発することによって，ワシタカ類などの捕食者に襲われる危険が増すという問題がある．オスがメスに対して，音量が小さく周波数変調する音声を利用しているのも，捕食者から定位しにくい音響特性を選んだ結果かもしれない．

一方，見通しの悪いハイガシラリスの生息環境では，音声信号は重要な機能をもつ．オスが自分の位置をメスに知らせるため，周波数帯が広く，そのため音源がわかりやすいタイプの音声を採用していた．また，密生した樹木が音の伝搬を妨げる環境なので，減衰しにくい低周波の音声信号が利用されていた．同じように，見通しの悪い森にすむワキスジリスでは，オスがメスに自分の位置を知らせるために，音声信号を使う必要がある．そのため，大

きな出力で，かつ音源がわかりやすく幅広い周波数帯の音声構造（階層構造）をもつ信号が利用されていた．

　バナナリスのオスは，交尾直後，メスやほかのオスを静止させるための音声を長時間にわたって発することはなかった．もし，この交尾後音声がネコなどの地上性捕食者への警戒音声と同じであり，「だまし」て静止させているのだとしたら，開けた見通しのよい環境では「だまし」は通用するはずがない．すぐに捕食者がいないことがバレてしまう．したがって，警戒音声によって，ほかの個体を静止させることはできないわけである．ハイガシラリスは交尾直後，地上性捕食者への警戒音声と同じタイプの音声を長時間使い，周囲のオスやメスを効果的に静止させていた．実際に，低い空間や地上部を利用し，藪のなかをすみかとするかれらは，地上性捕食者に狙われる確率も本来高いものと考えられる．それを確かめるために，交尾以外の日に，センサス中に各種の警戒音声が聞こえた頻度を比較してみた．個体数が多ければ，警戒音声の頻度も高くなる可能性があるため，センサス中に聞こえた警戒音声をそれぞれの種の目撃頻度で割って比較することにした．すると，ヘビに対するモビング頻度やワシタカ類への警戒音声の頻度は，3種の間で大きな差はなかったのに対し，地上性捕食者への警戒音声はハイガシラリスだけが極端に高い頻度で発していることがわかった（図 3.15）．ほかの2種では，

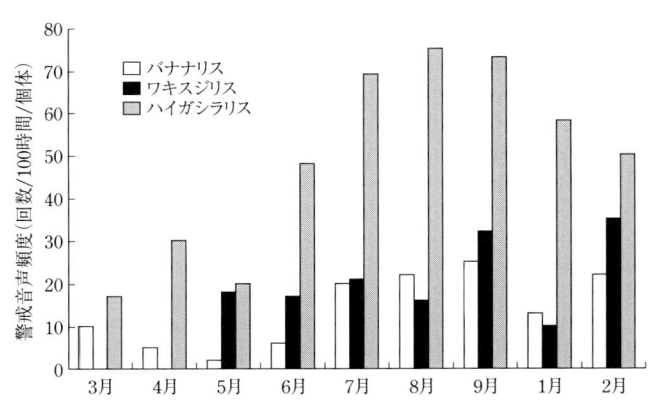

図 3.15 *Calloscirus* 属 3 種が発する地上性捕食者への警戒音声頻度（ただし，10 月から 12 月は未調査）．

100 時間，1 個体あたり 20 回程度の警戒音声頻度であるが，同じ調査地内にいながら，ハイガシラリスではその 4 倍にあたる 80 回も警戒音声が出されていた．普段からこのような状況であるため，交尾のときに警戒音声を発しても「だまし」が通用するのであろう．一方，ワキスジリスは林内の比較的高い位置を利用している種なので，地上性捕食者が潜む状況とは無縁なのである．地上性捕食者への警戒音声頻度は普段からけっして高くはない．交尾直後にオスが地上性捕食者への警戒音声を使ったとしても，周囲は「だまされる」だろうか．すでに安全な樹上にいるオスたちが，警戒音声によって静止することは期待できない．

　音声による「だまし」が成り立つ条件は，ハイガシラリスではそろっていたが，ほかの 2 種ではそろっていないようである．このように，種によって音声の構造や使い方が異なっていたが，その原因としては，同じところに生息していながら，細かくみると利用する階層構造や植生タイプが異なり，それぞれの環境に適した音声の世界を，各種が進化させているためだと考えられる．あまい見通しで始めた調査であったが，それが運よく的中し，*Callosciurus* 属の 3 種間では音声信号の特徴や利用方法が異なっていることが明らかになった．そしてその違いは，それぞれの種が好んで利用する生息環境の特徴から説明することができた．見通しの悪さや捕食者との遭遇頻度などで，音声信号の利用は近縁種といえども大きく異なるというわけである．マレーシアでの研究は，クリハラリスにおける交尾音声の「だまし」仮説を支持する結果となった．「だまし」が通用する環境に生息するハイガシラリスでだけ，交尾後に警戒音声が有効に用いられていたのである．

第4章　採食生態
　　　──貯食

4.1　ニホンリスの暮らし

（1）テレメトリー調査

　熱帯で生きものに囲まれ，夢中で研究生活を送っていた私も，気がつくと30歳になっていた．この先どうなるかと思っていたなか，その年の春，森林総合研究所の研究員に採用されるという幸運にめぐまれた．赴任地は東京都の西部にある高尾である．ここは，森林総合研究所の支所の1つで，1921年に帝室林野局林業試験場として開場された．1947年に農林省に移管され，林業試験場浅川支場となった．さらに，1988年，森林総合研究所に改組され，多摩森林科学園と改称されて現在にいたっている．職員数20人程度の小さな研究所だが，高尾陣場国定公園と隣接する約50 haの試験林をもっている．

　私は大学の卒業研究以来，ずっと外国の動物を研究対象としてきたので，日本の動物ときちんとつきあうのははじめての機会となった．手始めに職場の試験林を毎朝センサスした．騒々しい熱帯林から帰ってきた私には，日本の森林は嘘のように静かに感じられた．ときおりノウサギが逃げていく姿や，タヌキがごそごそと藪に潜っていく姿をみることがあったが，ほとんどケモノと出会うことはできなかった．なかでもやはり気になっていたのは，ニホンリス（*Sciurus lis*）である．早朝センサスをすれば，たいてい何個体かのリスに出会っていたいままでの調査地とは違い，ニホンリスをみることはむずかしかった．

　そこで，無線発信器を付けてニホンリスの行動を追跡するテレメトリー調

査をすることにした．まずは，捕獲である．そのために樹上にワナを設置し，開けたままにしておいて，落花生やクルミなどの好物を入れてしばらく様子をみる．これはプリベイト（ワナ掛けの前にワナに慣らすために，餌を入れて餌付けておくこと）といい，生息密度が低く効率が悪いリス類の捕獲作業を，少しでも効率よく行うための手段である．餌が食べられてなくなるようになったら，リスがワナにきていることになるから，ワナ掛けをしてみる．さいわい，1ヵ月もすると，ワナの餌はなくなり始めた．そこで，6月に入るとワナ掛けを始めた．まずは1個体，若いメスがかかった．ところが，その後どのワナにもその若いメスがかかる．かなり，広い範囲にワナを仕掛けたつもりだったのだが，すべてそのメスの行動範囲だったということである．どうやら予想以上に広い範囲を動き回っていそうである．まず「とどり」と名付けたこのメス1個体をきちんと追ってみることにした．「とどり」というのはここの地名であり，もともとは二十里（廿里）という意味らしい．江戸まで片道十里，往復で二十里という意味であると聞いたことがある．高尾でのリスの調査開始を記念して，1個体目のメスにこの名前を付けた（図4.1）．

　日の出前にテレメーター道具一式を担ぎ，ヘッドランプをつけて，無線発信器から送られてくる「ピッピッ」という発信音の音源に向かう．音の強さでリスが近いかどうかわかる．約50m程度の距離まで近づいたら，ヘッドランプを消して静かに待つ．目は暗さに慣れてきているが，それでもまだ暗く，木のシルエットがぼんやりとみえる程度である．しだいに鳥が鳴き始めるころ，発信音の強弱が波動する．場所は変わっていないが，巣のなかでリ

図4.1　発信器付きの首輪を装着した直後のニホンリス（*Sciurus lis*）．顔を黒い布で覆うと一時的に静止する．

スが動き始めたことを意味している．日の出数分前，薄暗いながらもかなり視界が利く明るさになるころ，リスは突然，巣から飛び出し動き始める．あっという間に枝を伝い 100 m，200 m と移動してしまう．一直線に餌場へ向かっているようである．リスのほうは枝を伝って一直線に移動できるが，大きなアンテナを抱えた私は，林道沿いに遠回りである．私が到着するころには，リスはすっかり餌を食べ始めている．

　この時刻になって，ようやく日の出となり，明るい光が林内にも差し込んでくる．しかし，早朝のリスは忙しい．食べていたかと思うとすぐに移動し始める．移動はすばやく，山を越えて反対の斜面に行ってしまうと，発信音が突如聞こえなくなる．無線発信器での追跡は，平らで障害物のない環境ならば楽であるが，日本の山林は最悪といってよい．細かい尾根や谷が縦横無尽にあり，木や岩場が電波を跳ね返す．電波の強弱からほんとうにリスがいる方向を推定するためには，地形を熟知し，リスの動きを読むという，ある意味，名人芸的な技量が必要である．直感にしたがって追跡し，直感がうまく的中したり，逆に大きく外れたりを繰り返していくうちに，しだいに要領を体得していくしかないのである．当然，はじめてのテレメーター調査は，徒労続きで，リスを見失うことばかりなのである．リスが反対斜面に移動し，発信音が突然消えると，まるでリスも消えてしまったかのような戸惑いを感じる．しかし，ここであせってはいけない．標高差の小さな尾根と谷であれば，しばらくすれば，リスが谷から出てきて再び発信音が聞こえるはずである．大きな標高差がある場合，最後に聞こえた音の方角をしっかりと見定め，その方向に即座に向かう．

　こうして午前中いっぱい，リスの動きに合わせて，山のなかを動き回るが，10時を過ぎるころになると，動きが少なくなる．リスも木の上の茂みで静止して休憩時間に入るらしい．気がつけば，重い受信機を下げた首はコチコチにこっているし，アンテナを振り回した腕は重い．「待ってました！」とばかりに，私もその場に腰を下ろし，休憩モードに入る．すぐに転がって寝たいところなのだが，早朝からいままでのリスの動きを地図上に作図するのがなによりも先である．

　リスをテレメトリー法によって追跡する場合，どうしても追跡対象を確認するところまで接近したくなってしまうが，手前で追跡を控え，リスの行動

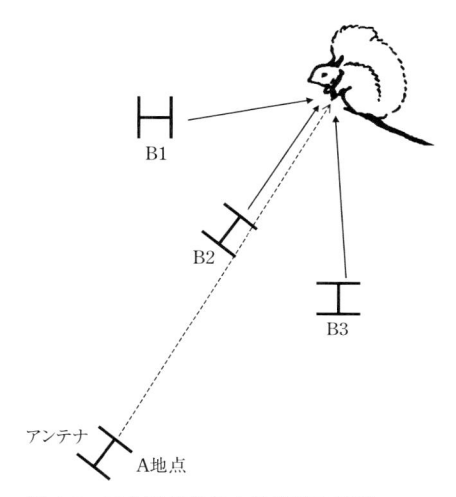

図 4.2 三角測量法による位置の推定.
A 地点からリスのいるおよその方角を探知して接近し，発信音が大きくなり 50 m 程度に近づいたところ，B2 から正確に角度を測定する．時間をあけずにすばやく B1，B3 からも角度を測定する．B1，B2，B3 の 3 方向から線を延ばし，交わった地点にリスがいると考える．しかし，実際には 1 点で交わることはあまりなく，三角形が形成されることが多い．その三角形の重心をリスの位置と考える．

をじゃましないように，あえてリスから少し離れたあたりにとどまる．離れた場所からリスの位置を特定するためには三角測量法というやり方を使う（図 4.2）．まず，受信音の強さをたよりに約 50 m の距離まで近づく．そこですばやくリスのいる方角を測る．これを違った 3 カ所から同様に測り，地図上で 3 本の方角が交わった地点にリスがいると考えるわけである．実際には，3 本の線は 1 点で交わることはほとんどなく，三角形を形成する．この三角形の重心にリスがいると考えるのである．しかし，測定精度が低いと，形成される三角形は大きくなってしまう．こうした場合はリスのいる位置の信憑性は低いので，採用できなくなる．

このような三角測量作業をやりながら，リスが動いてきた経路を地図上に

落としていくのである．すぐに作図すると，まちがった記録や，ありえない方角が検出された場合，すぐに思い出して修正したり，もとの位置にもどって記録しなおすこともできるので，ここは休まないでがんばって作図する．この作業が無事に終わったら，弁当を食べたりして一服する．この間も受信機から流れてくる「ピッピッ」という音に耳を傾け，少しでも動き出す素振りがみられたらば，追跡準備にかかる．しかし，リスは2-3時間まったく動かないこともあり，気がつくと「ピッピッ」という音を子守唄に，私もウトウトと居眠りをしていたりする．

　午後の動きも急に始まる．発信音が強弱し始めたな，と思ったとたんリスは暴走し始める．もたもたと広げた荷物を片付けていては，また見失う．ひとしきり，リスの動きを追跡しては記録をする作業を繰り返す．15時ごろになると，リスは位置を変えなくなる．巣に入ってしまったのである．まだ日は明るく，鳥たちは元気にさえずり餌を食べているこの時間，すでにリスは巣のなかである．なんともあわただしい1日である．しかし，早寝なのは助かる．

　8月初旬からテレメトリー調査を開始し，毎日追跡を続けた．「とどり」はまだ若く，この夏，子育てをしていなかったようである．朝出てきた巣と，その晩寝るときの巣は，必ずしも同じではなかった．8月だけで少なくとも6カ所の巣場所があって，その日の動き次第で，どこに寝るか予測は不可能である．行動圏は予想以上に広かった．1日で動く範囲は平均4.6 ha，6日間に動いた範囲は21.2 haにおよんだ．前章で述べたように，鎌倉に定着したクリハラリスの行動圏は，オスで平均1.3-2.6 ha，メスでは平均0.5-0.7 haである．クリハラリスよりも体が小さなニホンリスが，その30倍もの広さの行動圏をもっていることに驚いた（図4.3）．

（2）行動圏の大きさ

　哺乳類では，一般的に行動圏の大きさと体の大きさには正の相関があることが知られている．食肉類や有蹄類の種間比較では，行動圏の大きさは体のサイズが大きくなるにつれて大きくなる傾向がある（McNab 1963）．しかし，体のサイズの種間変異があまり大きくないリス類では，こうした傾向は明確ではない．リスの行動圏サイズは，むしろ個体数密度と負の相関があるとい

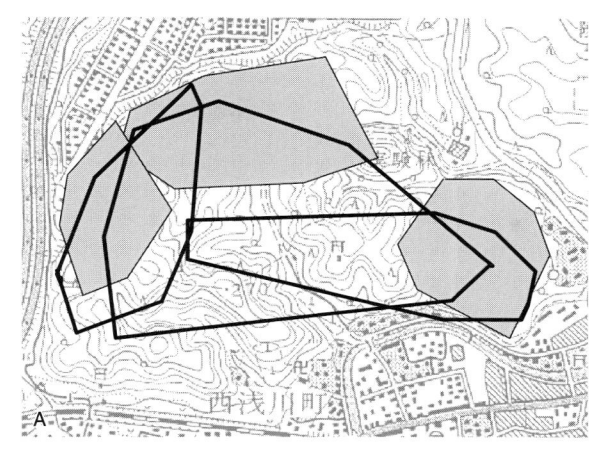

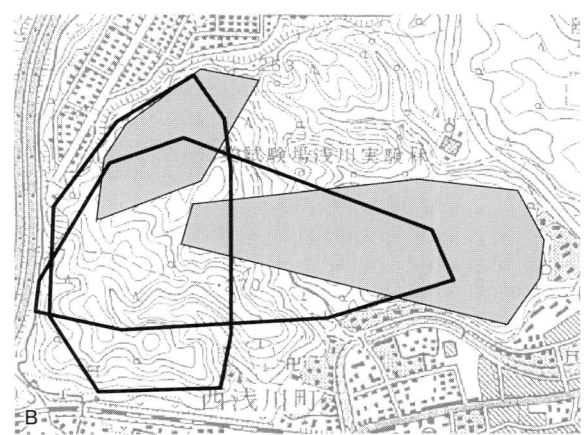

図 4.3 ニホンリスの行動圏分布.
テレメトリー調査によって得られた位置の最外郭を結んだもの．網かけはメス，実線はオスの行動圏を示す．A：1992年5-8月，B：1992年11月-1993年2月．

われている（Don 1983）．密度が高い種，あるいは密度が高い地域では，行動圏サイズが小さくなる傾向がある．さらに，その密度というのは，餌資源の量とかかわる．つまり餌が豊かならば密度は高くなり，そして同時に行動圏サイズも小さくてすむ．行動圏サイズ，餌，密度の3つの変数はたがいに

かかわり合っているということである．

　したがって，クリハラリスよりも小さいニホンリスがその30倍もの行動圏サイズをもっていることも，個体数密度あるいは餌資源の利用の違いで説明できるのかもしれない．ちなみに，私が測定したニホンリスの行動圏サイズは，Sciurus 属のリスでは大きいほうであるが，これまでに報告されているもっとも大きな行動圏は，アリゾナハイイロリス（Sciurus arizonensis）で，メスは平均13.7 ha，オスではなんと平均112.5 ha と報告されている（Cudworth and Koprowski 2010）．

　その後，多摩森林科学園に生息するニホンリス19個体に発信器を付けて，行動追跡を続けた．リスはどの季節にもオニグルミの林を好んで利用していた．クルミの実が実る夏から秋には，枝先でさかんに実を採食する姿がみられた．クルミを口にくわえて運んでいき，周囲の林に埋めて貯食する行動も頻繁にみられた．冬や春先には，クルミ林やそのまわりで落下種子や貯食種子を回収していた．このように，ニホンリスにとってオニグルミの林は重要な餌場になっているようであった．また，オニグルミだけではなく，カヤ，モミ，カエデ，ヤマザクラなどを含む多様な樹種が混在する混交林で過ごす時間は長く，逆にスギやヒノキの植林地，コナラなどの落葉広葉樹林は，ただ通過するだけであまり利用されなかった．さらに，樹高5m以下の低木林，公園のような疎林は避けられる傾向すらあった．つまり，われわれ人間にとって山林と一言で片付けてしまう環境でも，ニホンリスにとってみると，よく利用する林と，ただたんに通過するだけの林，さらに近寄ることすらない林があるということである（図4.4；田村 1998）．

　多摩森林科学園の50 ha という広さは，行動圏の広いニホンリスの研究には狭すぎる．そこで，道路や集落をはさんで隣接する高尾山でも同様の調査を行ってみた．高尾山は東京西部の有名な観光地であり，東京近辺の小学生ならば一度は遠足にきたことがあるだろう．首都圏からわずか50 km しか離れていないのに，その自然度の高さには定評がある．観光地として2007年ミシュランガイドで最高ランクの3つ星を獲得したとのことだが，巨木が多く，樹種数も豊富で，そうした環境をすでに失ってしまったヨーロッパ人が貴重と考える理由はわかる．高尾山は，正月，新緑の春，夏休み，紅葉の秋と一年中にぎわう山である．またここは，頂上付近にある薬王院境内を中

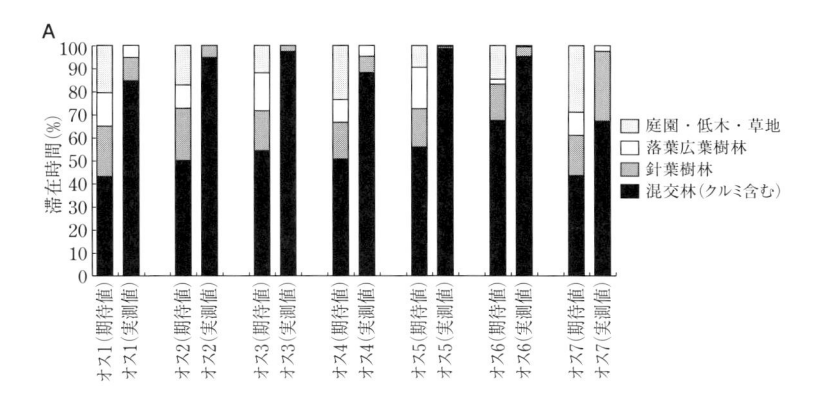

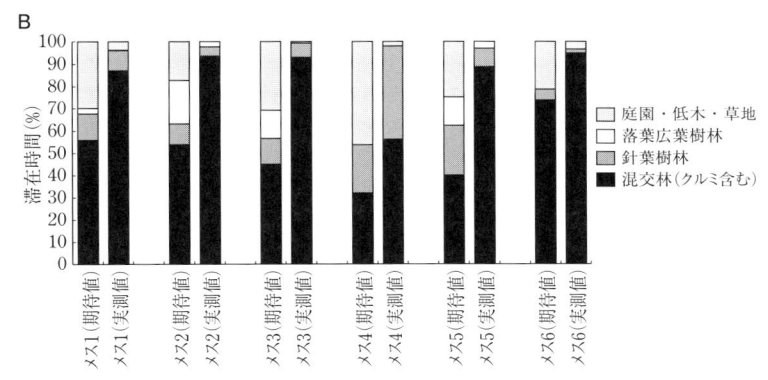

図 4.4 ニホンリスの植生環境選択.
各個体の行動圏内に現存する植生タイプの割合から計算した期待値と実際にリスが植生を利用していた時間の実測値を比較すると，どの個体も混交林（クルミ林を含む）を多く利用する傾向がみられた．A：オス7個体の結果，B：メス6個体の結果.

心に，ムササビが観察できることでも有名である．一方，有名ではないが，早朝歩けばニホンリスにも出会うことができる．捕獲許可証および薬王院の許可をもらい，この有名な高尾山で調査をしてみることにした．ハイキングの人々に会うたびに「なにをやってるんですか」と何度も聞かれる．大きなアンテナをもち歩いている姿は確かに異様であろう．

ともあれ，ここで14個体のニホンリスを捕獲し，発信器を付けて行動圏

を調べてみた．多摩森林科学園で調べた 19 個体と合わせて 33 個体のリスの行動圏をみてみると，どうやら個体によって行動圏の大きさは違うことがわかってきた．メスでもっとも小さい行動圏は 4.3 ha，大きい行動圏は 12.9 ha，オスでもっとも小さい行動圏は 5.6 ha，大きい行動圏は 40.3 ha であった．また，似たような場所に行動圏をかまえた個体は，似たような行動圏の大きさになる．だから，それぞれの個体が行動圏をかまえる位置が行動圏サイズに効いているのではないかと考えた．オニグルミの林を中心に行動圏をかまえているリスは，あまり大きな行動圏をもっていない．それに対して，オニグルミが 1–2 本しかない区域を利用しているリスは，広い範囲に遠征している．行動圏の中心付近に，利用できない低木林や疎林がある個体では，行動圏全体の面積が大きくなる傾向があった．

　つまり，ニホンリスはおそらく餌場として選択的に利用できる環境が充分あれば，小さな行動圏にとどまるが，それが充分でない場合には，利用できない環境を渡り歩いて別の餌場も行動圏に含めなくてはならず，結果的に広い範囲を動き回ることになるのであろう．したがって，行動圏の中心部がどのような餌環境であるか，その面積がどの程度なのかによって，リスの行動圏サイズは違ってくる．実際に，それぞれのリスの活動中心地点から半径 200 m 圏内（メスは行動圏が小さいので半径 150 m とした）に，餌場となるオニグルミ林や常緑広葉樹を含む混交林が占める割合を求め，その個体の行動圏サイズとのかかわりをみてみた．予想どおり，好適な環境の割合と行動圏サイズの間には，右下がりの関係が得られた（図 4.5）．すなわち，リスにとって好適な常緑広葉樹を含む混交林が一様に残っている高尾山では，リスの行動圏サイズは比較的小さかったが，いろいろな植生環境がモザイク状になっている多摩森林科学園の試験林では，よい植生の場所に行動圏をかまえた個体は極端に小さい行動圏をもつが，それ以外の個体は大きな行動圏のなかを動き回って暮らしているのである（Tamura 2004）．

　このことを裏付ける結果が，岩手県盛岡市でのニホンリスの行動圏調査でも得られている（西ほか 2010）．この調査地では，オニグルミなどクルミ類の本数密度が高く，一年中クルミの種子に依存した暮らしをしている．行動圏はきわめて小さく，メスでは 0.47 ha から 2.08 ha，オスでは 1.83 ha から 3.47 ha であった．高尾での研究結果と比べると，かなり小さい行動圏であ

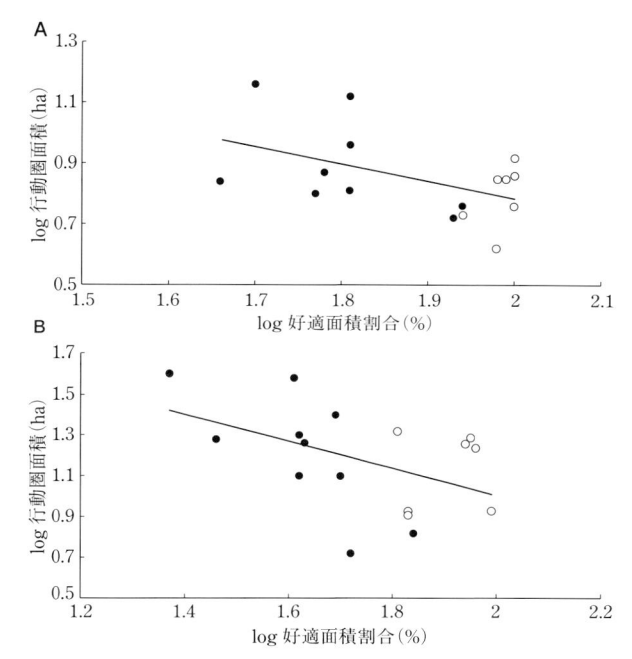

図 4.5 ニホンリスが好む植生環境の割合と行動圏サイズとの関係．
行動圏の活動中心部に好適な植生環境（混交林とクルミ林）を多く占める個体ほど，行動圏面積は小さく，逆に好適面積が少ない個体ほど，行動圏面積は大きくなる傾向がみられた．黒丸は多摩森林科学園の結果，白丸は隣接する高尾山の結果をそれぞれ示す．A：メス 16 個体，B：オス 17 個体．

る．このように，ニホンリスの行動圏サイズは生息環境によって大きく異なるようである．

（3）オニグルミ

テレメトリー調査を続けているなかで，ニホンリスにとってオニグルミ（*Juglans ailanthifolia*）は重要な食物であることがわかってきた．実際，高尾で観察した採食行動のほとんどがオニグルミで占められていた．確かにクルミはわれわれ人間が食べても美味しい．大きくて渋みがなく，濃厚な味わ

98　第4章　採食生態——貯食

図 4.6　アベルトリス（*Sciurus aberti*）（Dr. J. Koprowski 撮影）.

いのクルミが好まれる理由もわからなくはない．けれども，クルミは堅い殻に包まれていて，食べるのに手間がかかるし，それほどたくさんあるわけではない．それに比べて，ドングリやほかの種子の殻は簡単に割れるし，なにより，あり余るほどたくさんある．野生動物では，人間と違ってグルメ指向はありえない．かれらは「美味しさの追求」というよりも，「採食効率を上げる」という差し迫った問題をつねに抱えながら暮らしている．簡単にいうと，時間あたりに得られるエネルギー量がより多くなるように，採食行動や餌種選択をしていると考えられる．一般的には，よほど特殊な形態や，生理的適応がない限り，ある限定された種類の餌にのみ依存することは得策ではない．より幅広い餌を利用するほうが，時間あたりの獲得エネルギー量を増大させることができるし，どんな状況でも生き残るチャンスを高めることができる．小型の昆虫類では，必要とする餌の絶対量が少ないから，餌種を限定して成長することも可能かもしれない．しかし，大型の哺乳類では，通常狭食性といえども，いろいろな餌を利用する．たとえば，シカやカモシカな

どは草食獣といっても，さまざまな種類の草本類，ときには木本類も餌としているし，キツネやイタチなどの肉食獣も捕獲可能なサイズの範囲で多様な獲物を利用する．もちろん，ユーカリの葉をもっぱら食べるコアラや，ササを利用するパンダなどの例外はあるが．

　樹上性リス類は，樹上に実る種子や果実を主要な餌とするが，その種類については，生息する環境によって変わる．カナダやロシアなど寒冷な地域の針葉樹林では，生育する樹種が限られているため，リスが利用する種子も特定の針葉樹に限定される．なかでもアベルトリス（*Sciurus aberti*）は，ポンデローサマツ1種のみに強く依存する個体群もある（図4.6；Snyder 1992）．コアラやパンダに匹敵するほどの偏食者である．

　一方，多様な樹種が生育する熱帯林では，比較的広範囲なものを利用する傾向がある．温帯林に属する日本はこの中間で，ニホンリスは利用しようと思えば熱帯林ほどではないまでも，ある程度多様な種子を利用することができるはずである．それにもかかわらず，ニホンリスはオニグルミなどの限られた樹種にかなり依存しているのはなぜだろうか．

(4) 貯食による冬越し

　ニホンリスがオニグルミを好んで利用する主要な原因の1つは，貯食をし

図 **4.7**　貯食をするニホンリス．

やすい種子の性質によると考えられる（図 4.7）．大型であるため，埋めたものを回収したときに得られる報酬は大きい．もし，これがケヤキやカエデなど小さな種子であれば，苦労して運んで埋めても回収できるエネルギー量はごくわずかであり，貯食をするという行動に見合うだけの利益が得られないであろう．また，オニグルミは厚くて堅い殻に包まれているため，腐らないし，ほかの動物が食べることもほとんどない．したがって，長期間貯食しておいても，餌として品質が損なわれない状態で回収することができる．これがヤマグワやヤマザクラの果実であったら，土に埋めると 2-3 日で腐ってしまうし，昆虫類などに食害されてしまうに違いない．ニホンリスはケヤキやカエデの種子も食べるし，ヤマグワやヤマザクラの果実もよく食べるが，それはそうした餌が利用できるごく限られた期間のみの利用にとどまる．オニグルミについては結実期間である 9 月から 10 月だけではなく，それ以降も貯食しておいたものを回収しながら，5 月ごろまでの長期間にわたって利用する．その結果，1 年間の餌の大部分をオニグルミが占めるということになる．軽井沢では，1 年間で 699 回の採食行動を観察し，そのうち 37% がオニグルミであったという報告がある（Kato 1985）．

　それにしても，なぜニホンリスは貯食物に依存した生活をするのだろうか．冬に種子がなくなっても，ほかの動物のように冬芽や樹皮などを餌にして生き延びる手はあるだろう．同じリスの仲間でも，プレーリードッグ（*Cynomys* 属）やシマリス（*Tamias* 属）などの地上性リス類の多くは，夏から秋にたくさん食べて体に脂肪を貯えて冬眠する．餌が不足する冬季を過ごす方法は，なにも貯食だけではないはずなのである．ニホンリスにとっての大きな問題点は，樹上生活者であるということである．樹上生活は，地上に比べて捕食者から逃れやすく，種子や果実の入手には好適である．が，同時に制約もある．冬眠するジリス類のように，体に脂肪を貯えて丸まると太るような生活は，樹上ではありえない．もちろん，樹上性のリス類でも餌が豊富な秋には体重が増加する傾向はあるが，地上性リス類ほどではない．丸まる太って鈍重になったリスは，樹上ですばやく移動できなくなる．そうなれば，タカ類などの格好の餌になってしまうだろう．同じ樹上性リス類でも，夜行性のムササビ（*Petaurista* 属）やモモンガ（*Pteromys* 属）は冬の餌不足に際して，貯食に依存しない．ムササビは常緑樹の葉などを食べ，モモンガは

冬芽などを食べて冬を乗り切る．葉や冬芽は種子や果実に比べて消化効率が悪いため，時間をかけて多量に摂取しなくてはならない．餌を食べている時間が長くなれば，捕食者にさらされる時間も長くなる．タカなど視覚によって捕獲するタイプの捕食者が少ない夜に活動するリスの仲間では，葉や冬芽を利用する種が多いと考えられる．けっきょく，樹上で昼間活動するリスは冬眠せず，冬の前に貯食した種子を利用して暮らすやり方がもっとも適しているといえそうである．

4.2　種子を追う

（1）発信器付きのクルミ

オニグルミは日本産植物の種子としては，もっとも大型の部類に入る．大型種子に共通する特徴は，種子散布をある種の動物に依存していることが多いということである．自ら動くことができない植物が分布を広げ，次世代を残していくために，種子散布はとても重要な生活史の一過程である．そのために，植物は種子の形態に工夫を凝らしている．たとえば，羽状あるいは翼状の構造をもつことで落下時間を延ばし，その間に風に吹かれて遠くへ運ばれるような種子散布様式（風散布）が知られている．タンポポやカエデ類がこの例である．また，鳥類に食べられたヤマザクラやヤマグワの種子が移動先でフンとともに排泄され，そこで発芽する（被食型散布）．こうした種子は，鳥類を誘引するための赤や黒の色彩をもった果肉や果皮を特徴とし，種子自体は堅く，小さく，壊れにくくなっている．一方，ドングリ，クルミなどの大型種子は，貯食型散布に適応していると考えられている．動物は，大型で，腐らず，堅い殻をもった種子を好んで貯食し，餌不足に備える．しかし，食べ忘れられた種子は，貯食のために運ばれた先で発芽することがあるため，動物の貯食行動が植物の種子散布を担っていると考えられている．

ニホンリスが，オニグルミの種子をどのような場所に貯食し，いつ，どれだけ回収して食べるのか，野外で調べてみることにした．しかし，実際に，リスがクルミを運んで埋める先を追跡するのは，かなり困難である．そこで，小型の無線発信器をクルミに付けて，リスが運んだ先がどこなのか，受信機

を使って探索する方法を用いた．この発想は，じつはかなり以前から頭のなかに浮かんでいた．クリハラリス（*Calosciurus erythraeus*）を鎌倉で観察していたとき，スダジイの種子を貯食する行動を観察し，無線発信器でその後の種子を追跡できないかと思っていた．このころ，大学の研究室では，超小型無線発信器を製作して，アブラゼミの成虫やヘビトンボの幼虫などの昆虫の調査に用い，成果を上げていた．しかし，さすがにスダジイは小さすぎて実現はしなかった．いつか，種子に発信器を付けて，動物の運搬先や回収過程を調査してみたいと思っていた．そこでオニグルミはよいターゲットだったのだ．10 g くらいもある大型の種子だから，重量 2 g にまで小型化された発信器を装着することへの違和感がない．

さっそく，試験的にダミーの発信器をオニグルミの殻に装着し，ニホンリスがどのような反応を示すのか調べてみた．せっかく発信器を付けても，ニホンリスがそれをいやがり，齧りとってしまっては，追跡できなくなってしまうからだ．また，クルミを半分に割って，なかに発信器を埋め込むタイプもつくってみた．もしかしたら，外に付いていなければ気にしないかもしれない．あるいは，外からみえなくても，発信器のにおいや重さをいやがるかもしれない．それを確かめるために，なにも付けていないオニグルミ，発信器をなかに忍ばせたオニグルミ，発信器を外に接着したオニグルミの 3 タイプをつくり，野外の給餌台に置いて，ビデオカメラでニホンリスの行動を記録してみた．その結果，意外とあっけない結果になった．ニホンリスはどのオニグルミも気にせずもち去った．もち去る順番も，3 つのタイプとはなんのかかわりもなかった．そして，ありがたいことに，外付けした発信器を外すこともなく，クルミをその場で食べたり，貯食のために運んだりした．そこで発信器を接着剤で外付けするという一番簡単な方法で，クルミの追跡を行うことにした（Tamura 1994）．

（2）宝探し

発信器を付けた 10 個のオニグルミ種子をオニグルミの木の下に設置した給餌台に載せ，ニホンリスがもち去るのを待つ．リスがもち去ったら，受信機を用いて，種子の位置を探索する．それぞれのオニグルミには異なる周波数の発信器が付けてあるので，1 個ずつ，運搬された先から発信されてくる

音をたよりに探し出すことができる．この作業は金属探知器で金塊を探し出すのと似ていて，宝探しのようなわくわくした楽しさがある．しかし，同時に，林のなかをかきわけて進むため，なかなかの筋肉トレーニングでもある．10個のオニグルミを探すのに，慣れてきても2-3時間かかる．でも，必ず探し出せる．これは，動物が運んだ貯食場所を知るうえでとても重要なことである．直接観察だけによる種子散布研究では，追える範囲のもの，あるいはみえているものしかみつけ出せない．人間の探索範囲は，もともと先入観があるから，意外と遠くへもち去っているものや，意外な場所へ隠したものは，探し出すことはできない．このデータ収集の不徹底が，歯切れの悪い報告にとどまらせていた原因であると考えられる．したがって，発信器を用いることで，動物がもち去ったすべての種子の行き先を必ず探索できるということは，とても画期的なことなのである．

しかし，問題もある．発信器の値段が高いことである．発信器1個が2万円近くするのだから，100個も調べようと思ったら，たいへんな金額になる．そこで，同時にセットした10個のオニグルミのうち，貯食されずにすぐに食べられたものは回収して，発信器を外し，別の新しいクルミに取り付けるという使い回しを繰り返した．

（3）貯食型散布

こうして1995年の秋，合計100個のクルミに発信器を付けて，すべての貯食場所を追跡することができた（図4.8, 図4.9）．100個のうち，40個はすぐに食べられてしまい，60個はもち運んだ末，貯食された．貯食場所は地上の落葉の下に1個ずつ埋めるという「地表貯食」が32個，木のまたなどにはさんで置かれる「樹上貯食」（図4.10）が28個であった．運搬した距離は最高で62mであり，地表貯食では平均20.7 m，樹上貯食では平均16.1 mであった．樹上貯食のなかには，メジロの巣に置かれているものや，私が設置したワナのなかに入れているものなどがあり，みつけたときには思わずニヤリとしてしまった．また，樹上貯食された28個のクルミのうち，4個は落下し，その後，回収されることなく放置された．地表貯食は林床のどこを掘って埋めてもよいので，簡単に貯食できるが，樹上貯食は，クルミを固定するのがむずかしいうえ，あまりめだたないような場所を選ぶとなると，

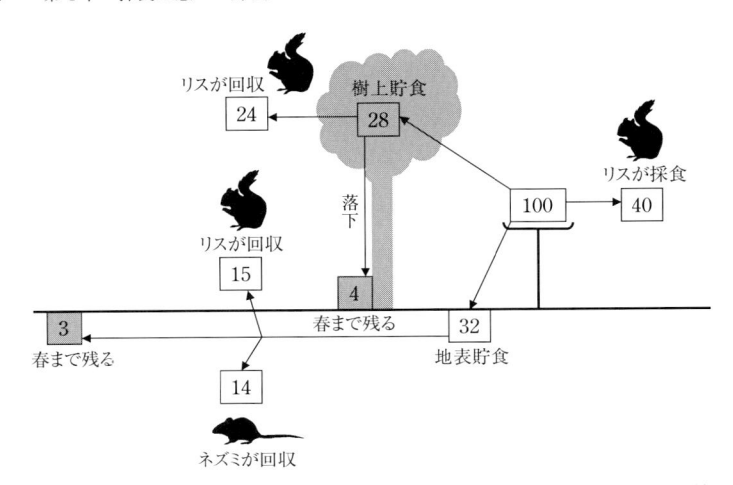

図 4.8　100 個の発信器付きのクルミをニホンリスがもち去った結果．数値はそれぞれの個数を示す．

図 4.9　給餌台に置いた発信器付きのオニグルミ種子と，それを取りにきたニホンリスをビデオカメラで撮影した映像．

なかなかむずかしいようである．リスなりに苦労して貯食場所を決めているのだろうと思うと微笑ましい．

　貯食されたものについては，発信器付きのクルミはそのままにしておき，その後 5-7 日間おきに追跡してみた．貯食されてから 10 日以内に，30％ がニホンリスによって回収され食べられた．その後も徐々に回収され，1 カ月後には 57％ が消失した．2 カ月後には当初の 80％ が回収されてしまった．

図 4.10 樹上貯食されたオニグルミ種子.

しかし，それを過ぎると，クルミの回収はほとんど行われず，残った7個は発芽を迎える5月まで放置されていた．確かに，貯食されたクルミの多くは回収され，食べられてしまうが，1割程度の確率で，食べ残されて発芽するチャンスをもてるのである（Tamura and Shibasaki 1996）．こうして，オニグルミがニホンリスによる貯食型散布の事例となっていることを確認できた．

4.3　競争者アカネズミ

（1）アカネズミの盗み

　ニホンリスが貯食したオニグルミを回収したのは，じつはニホンリスだけではなかった．アカネズミ（*Apodemus speciosus*）が盗んでしまった事例が14個もあったのだ．ニホンリスとアカネズミでは，クルミの食べ方がまったく違う．食痕をみると，どちらが回収して食べたのかすぐに判断できる．ニホンリスは，クルミの縫合線の先端から削り出し，そこに隙間をあけた後で歯を差し込んで，テコの要領でクルミを半分に割る．だから，ニホンリスによる食痕は，きれいに半分に割れているが，よくみると，殻の縫合線部分に歯で削った痕跡がついている（図4.11）．一方，アカネズミでは，縫合線

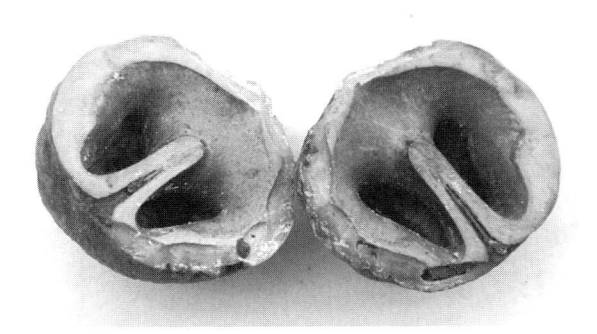

図 4.11 ニホンリスによるオニグルミの食痕.

図 4.12 アカネズミによるオニグルミの食痕.

の中央部分を集中的に削り，直径 1 cm 程度の穴をあける．ここから中身をかき出して食べる．逆側も同様に穴をあけ，両側 2 カ所に穴をあける（図 4.12）．調査地には，ニホンリスとアカネズミのほかにはクルミを餌とする動物はいなかった．しかし，場所によってはツキノワグマ（*Ursus thibetanus*）もオニグルミを砕いて中身を食べる（小池・正木 2008）．また，ハシボソガラス（*Corvus corone*）がクルミを車道に置いて，車がそれを轢いて割れたところ，中身を食べるという地域があることも知られている（仁平 1995）．

ニホンリスが地上に貯食した32個のクルミのうち，14個もアカネズミが盗んだ．この割合は，けっこう無視できない値である．せっかく，ニホンリスが冬場の餌不足を乗り切るために貯食しても，アカネズミに盗まれてしまっては効率が悪い．クルミにとってみても，食べ残される可能性のある種子をみつけ出し，盗んで食べられてしまうのはありがたくない．ニホンリスとオニグルミという2種間の相利共生（おたがいに利益がある，もちつもたれつの関係）のストーリーに，アカネズミが入り込んでくるとややこしくなる．アカネズミはクルミにとってどういう存在なのだろうか．種子散布をしてくれるありがたい存在なのだろうか．それとも，ニホンリスによる種子散布を妨害する迷惑者なのだろうか．

(2) アカネズミの貯食

1996年秋以降，私はニホンリスで行った実験と同じことをアカネズミに対しても行うことにした．違うのは給餌台ではなく，給餌箱を地上に置くことである．この給餌箱は，片面が金網になっていて，アカネズミが出入りできる．しかし，ニホンリスが入るには，この網の目は細かすぎる．したがって，給餌箱のなかのクルミは，アカネズミしか利用することができないしくみになっている．こうして，発信器付きのオニグルミを毎回5個ずつ給餌箱に入れ，それらをアカネズミがもち去ったら，受信機で移動先を追跡するという作業を続けた．アカネズミは100個のクルミのうち，93個をもち去った（図4.13）．このうち，63個はもち去ってすぐに食べてしまった．残りの30個が貯食された．貯食は，ニホンリスと同じように，落葉の下などの比較的浅い地表面に1個ずつ埋められているもの（地表貯食／分散貯食）が28個あったが，地中50 cmくらいの深い巣穴や坑道に，何個もまとめて埋められているもの（地中貯食／集中貯食）が2個あった．28個の分散貯食のうち，1個はニホンリスによって盗まれ，20個はアカネズミによって回収された．けっきょく，7個は回収されずにクルミが発芽する春まで放置された．

地中に貯食された2個は受信機で位置を探すのがたいへんだった（図4.14）．地中の坑道はあちこちとつながっていて，開口している穴から電波が漏れてくる．どこが発信源だか見極めるのに苦労し，けっきょく，大きな穴

108   第4章　採食生態——貯食

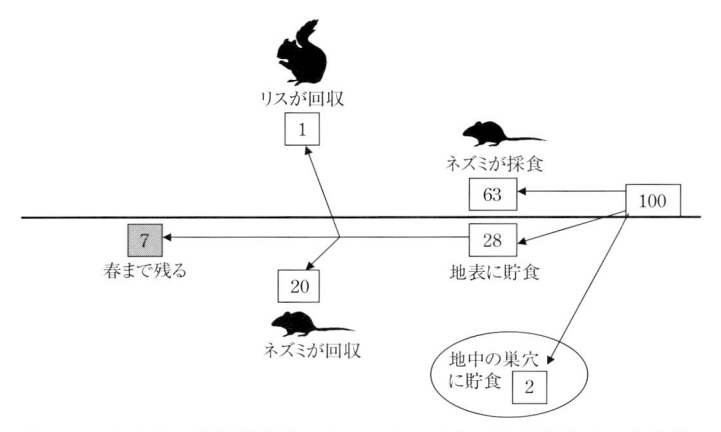

図 4.13 100個の発信器付きのクルミをアカネズミがもち去った結果．数値はそれぞれの個数を示す．

図 4.14 アカネズミによって倒木の下にまとめて貯食されていたオニグルミ．発信器が付いているオニグルミも混在している．

を掘りながら探すことになってしまう．かなり破壊的なことをしないと，地中深く貯食されたクルミは探索できなかった．結果的に，地中に貯食された種子は，その後の追跡調査を断念せざるをえなかった．私が掘り崩した坑道は，たとえ，土で埋めておいたところで，その後アカネズミが回収に現れるとは思えない状況だったからである．アカネズミが貯食のために運搬した距

離は，最大で 21 m，平均 6.2 m であった（Tamura 2001）．

　というわけで，アカネズミもニホンリスと同じようにオニグルミを分散貯食し，食べ残すことがあるため，クルミの種子散布に寄与している可能性をもっていることがわかった．しかし，ニホンリスに比べて貯食する頻度は低く，分散する距離が短いため，オニグルミにしてみると，ニホンリスよりはやや劣る種子散布者といえるかもしれない．ニホンリスは，貯食したクルミをなるべくアカネズミに盗まれないようにしたいはずである．1つの方法は，アカネズミが登れないような樹上にクルミを貯食することである．しかし，上述したように，樹上で適切な貯食場所を探すことは容易ではない．とすれば，残る手段は1つ，できるだけアカネズミがこないような場所へ運ぶという方法である．

4.4　運搬距離

（1）最適密度モデル

　動物が貯食するとき，どのような場所に貯食するべきか．これについては有名な理論的研究がある．最初に紹介するのは，Stapanian and Smith (1978) による最適密度モデル（ODM；optimum density model）である．貯食した餌から得られる利益は，餌のエネルギー量（E）と貯食した餌が回収されるまでに残っている割合（P）のかけ算で求められる．いくら栄養価が高く大きな餌であっても，盗まれてしまえば利得は0（ゼロ）である．逆に，栄養的には価値が少なくても，まったく盗まれないのであれば，そこそこの利得が期待できる．そこで，貯食された餌が残る確率は，貯食の密度にかかわると考える．つまり，1カ所にたくさん貯食してしまうと，盗まれてしまう確率が高くなるが，間置きしておけば盗まれにくいというわけである．しかし，同じ個数の餌を近くに運んで埋めるのに比べて，間置きして埋めるにはエネルギーの損失（Ec）がある．また，距離を離して貯食すればするほど，無限に利得が上がるというわけではない．ある程度間置きすれば充分な利得に到達する．つまり，ほとんど盗まれなくなると考えられる．そこで，動物は貯食によって得られる利益と，運搬にかかる損失を差し引いた値がも

っとも大きくなるような（$EP-Ec$）密度で餌を埋めるのが最適であると考える．このモデルはキツネリス（*Sciurus niger*）がクルミを貯食する状況で実験的に確かめられ，モデルが適切であるという証拠が得られている．

その後，Clarkson *et al.*（1986）が鳥類のカササギ（*Pica pica*）において，同様の最適密度モデルをより一般化したかたちで提示した．このモデルでも，貯食した餌の回収率は，貯食密度が低くなるにつれて上がると考える．一定の時間 T のなかでそれぞれの時間（t_i）をかけて N_i 個の餌を貯食するとし，その回収率（$R(N_i)$）を最大とするような位置をラグランジュの未定乗数法によって求める．すると，結果的には餌源近くに多く，周囲に向かってしだいに疎らに貯食する分布が最適解として予測される．Stapanian and Smith のモデルでは，最終的に貯食は餌源からの距離にかかわらず同じ密度を示すことが予測されたが，Clarkson モデルでは，餌源ほど貯食密度が高いという点が異なる．しかし，それも，Clarkson モデルの時間 T をより長くとり，密度依存的な消失率が非常に高い状況を仮定すれば，Stapanian and Smith のモデルと同じ結果になる．つまり，両方のモデルは，ともに貯食の密度を考慮するという点で，本質的には同じである．

（2）運搬する距離の損得

しかし，実際にはオニグルミは森のなかで散発的に分布していて，ニホンリスもアカネズミもその木の周辺だけで探索行動をとっている．つまり，探索努力はオニグルミの木の下では熱心であるが，そこから離れるにつれて少なくなる．一般的には貯食密度も重要かもしれないが，オニグルミのようなマイナーな樹種について考えると，盗まれないように貯食するためには，餌源である木からの運搬距離がなによりも重要であると考えられる．試しに，私がリスと同じようにクルミを地中に埋めておき，どれだけ盗まれてしまうものなのか調べてみた．このとき，母樹であるオニグルミの近くにはニホンリスやアカネズミが集まって探すだろうから，みつかる確率が高いことが予想される．母樹から 0 m，10 m，20 m，40 m，60 m，80 m の位置にそれぞれ 20 個ずつ（それぞれ 1 m 間隔で 5 個×4 個）埋めておくことにした．もちろん，調査地域のオニグルミ種子はあらかじめ除去し，自然に落下しているオニグルミがない条件下で実験を行った．これまでのモデルでは密度が重

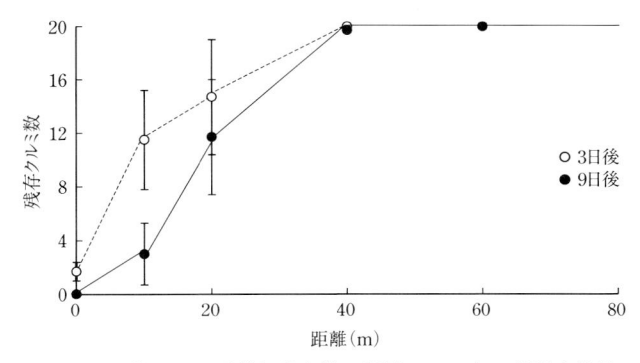

図 **4.15** 母樹からの距離と残存数の関係．1995 年 5 月調査結果．
4 方向の平均残存数とその SE．

要ということであったが，ここでは，密度は一定として距離だけを変える状態にした．これを東西南北の 4 方向にセットして，3 日後，9 日後にそれぞれどれだけ盗まれてしまうのかを数えた（図 4.15；Tamura *et al.* 1999）．その結果，母樹直下（0 m）では 3 日後に 90% が消失，9 日後にはすべて盗まれた．10 m の位置では 3 日後に 50% が消失し，9 日後には 75% が消失した．20 m の位置では消失率がかなり下がり，3 日後には 30% が消失，9 日後は 40% が消失するにとどまった．40 m 以上の場所では，いずれもほとんど盗まれることがなかった．つまり，同じ密度で貯食した場合，母樹から遠くへ運ぶほど盗まれにくくなるわけである．しかし，むやみに遠くへ運ぶ意味はない．20-40 m 運べばほとんど盗まれる心配はなくなる．ただ，これはつねに同じ値になるとは限らない．クルミの総量や分布の仕方，ニホンリスやアカネズミの個体数密度などで，盗まれる割合は変わるだろう．

　ある程度遠くへ運ぶことのメリットは確認できたが，一方でデメリットもある．遠くへ運ぶためにはやはり，それに応じた時間の浪費があるのだ．ビデオカメラを給餌台にセットしておき，発信器付きクルミをリスがもち去ってからつぎに餌台へもどってくるまでの時間を記録してみる（図 4.16）．調査地のリスはあらかじめ捕獲し，首輪や尾の毛に刈り込みを入れることによって個体識別してある．したがって，餌台を訪れている個体が同じ個体かどうか判断できる．リスがクルミをもち去ってから，また餌台にもどってくる

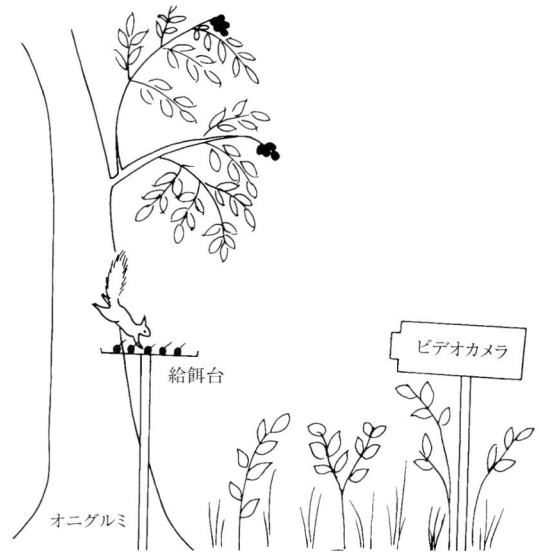

図 4.16 発信器付きオニグルミ種子の貯食時間を調べる実験の様子.

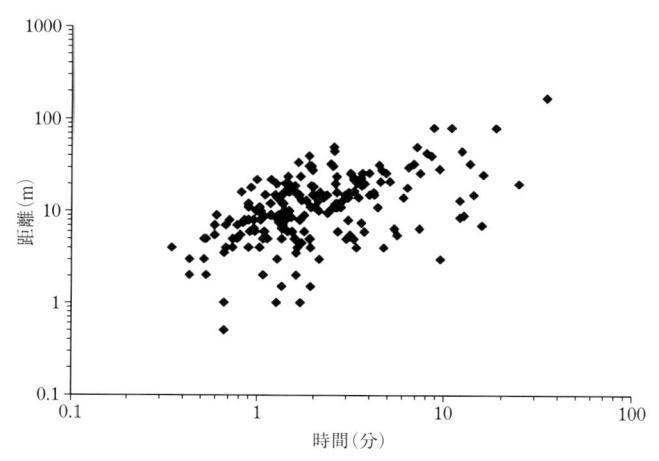

図 4.17 ビデオカメラによって記録した貯食に要する時間と運搬距離との関係（両対数グラフ）.

までの間を貯食に要した時間と考える．後で貯食した位置を特定し，運搬距離も求めることができる．

こうして運搬した距離と運搬に要した時間との関係を描くと，きれいに比例することがわかった（図 4.17；Tamura *et al.* 1999）．つまり，10 m 程度の近場に貯食するときはおよそ 2 分程度で貯食作業を終えてもどってくるのに，20 m では 4 分，さらに 40 m では 8 分もかかっていた．クルミを土に埋める作業はいたってすばやく，1 分以内にササッとすましてしまう．したがって，かかる時間のほとんどすべてが移動のための時間ということになるのだ．すばやいリスにとって，ちょっとした移動時間なんて問題ではないと思うかもしれない．しかし，かれらは，けっして無防備に貯食場所へ向かうことはない．ちょっと走ると静止して，周囲の様子をうかがう．1 カ所にとどまってなかなか動き出さないこともある．運んではもどるという繰り返し行動は，捕食者をひきつける危険性もある．本来は安全な樹上移動をするところ，貯食のために，クルミをくわえて地面をうろつく行動は，とくに危険と背中合わせである．だから，かれらは細心の注意を払いながら，クルミを運搬しているのである．距離が長くなることは，すなわちそれだけ，長く危険にさらされることになる．こうしたコストを考えると，遠くへ運ぶのはよいことばかりでもない．

（3）距離モデル

そこで，貯食のための最適密度モデル（ODM モデル）ではなく，距離に着眼したモデルを考案した（Tamura *et al.* 1999）．前提としては，リスは時間あたりに得られるエネルギー量を最大化するような行動をとるべきだとする．つまり，図 4.18 の直線の傾きの角度（エネルギー量／時間）がもっとも大きくなる状況が好ましい．横軸の時間コストは，クルミを探す時間とみつけたクルミを運んで貯食する時間が加算されたものである．縦軸の利得量（エネルギー量）は，クルミ 1 個が盗まれずに回収できる確率×1 個分のエネルギー量で求められる．理論的には，図に示すようなカーブが予想される．すなわち餌源であるクルミの木の直下に貯食した場合，運搬距離は 0 m，つまり運搬時間は 0 分であるが，それが盗まれずに回収される確率はきわめて低いから，原点に近い点を通る曲線 E のようなラインが引ける．運搬距離

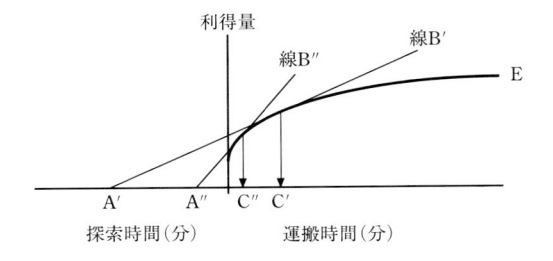

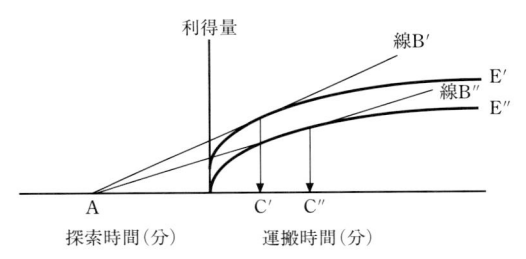

図 4.18 母樹からの距離に着眼した最適貯食場所のモデル．
上：探索時間が長くかかる（餌が得にくい）A′の場合，もっとも多くの利得を得るための運搬時間（≒運搬距離）は長く C′ となる．一方，探索時間が短い A″ の場合，運搬時間は短い C″ となる．
下：餌の量が同じでも，競争者が多く，盗失率が高い場合 E″ の利得カーブが予想される．この場合，運搬距離は長く C″ となる．一方，競争者が少ない場合，カーブは E′ となり，運搬距離は短く C′ となる．

が 5 m，10 m と長くなるにつれて，時間コストもかかるが，クルミが盗まれて失われる確率が急激に減っていくため，得られるエネルギー量は急増する．しかし，20 m を超えてくると，回収効率も頭打ちになり，得られるエネルギー量は飽和する．

こうした状況で，ある一定の探索時間の後にみつけたクルミをどこまで運んで貯食するのが一番効率的であるのかを知るには，総時間あたりに得られるエネルギー量が一番大きくなる点を求めることになる．つまり図 4.18 で，曲線 E に直線 B を引いてみればよい．直線 B が曲線 E と接する点 C まで運搬するのがもっとも効率的（エネルギー量／総時間，すなわち直線 B の傾

きが最大となる）であるということなのだ．

　しかし，この曲線 E のかたちや起点となる A の位置は状況によって変化する．たとえば，種子が不作で 1 個のクルミを探索するのにとても時間がかかる状況では，直線 B は A′ から曲線 E に向かって引かれる．一方，豊作の年には探索時間が短くてすむため，直線 B が A″ から始まり，曲線 E との接点は左側の C″ にずれる．つまり，あまり遠くへ運ばなくてもよいということである．また，曲線 E が全体に下がるような場合，つまり回収効率が極端に悪くなる状況もありえる．たとえば，アカネズミの密度が多い場所では，盗まれる割合が高く，得られるエネルギー量の期待値が低くなる．この場合，直線 B が曲線 E と接する点は，通常の値 C′ よりも右側の点 C″ になる．つまり，より遠くまで運搬することが最適な貯食行動となる．

　当時，東京都立大学（現・首都大学東京）の大学院生であった橋本祐子さんが，実際に，野外でこのモデルの予測どおりに運搬距離が変化するかどうかを調べた．まず，探索時間の違いが，貯食のための運搬距離に影響するかどうかを調べてみた．クルミがまだ実っている，あるいは樹下に落ちている 7-11 月の季節と，クルミがもち去られてみつけにくくなる 12 月から翌年 6 月の季節で運搬距離を比較した．1 個のクルミをみつけるための探索時間は，7-11 月では平均 3.2 分，12 月以降は平均 12.7 分で，季節差は明確である．そうした条件で運搬距離を比較してみると，7 月から 11 月では平均 14.6 m，4 月から 6 月では平均 19.9 m になった．つまり，探索時間が長くなると，運搬距離も長くなる傾向があった．

　つぎに，競争種であるアカネズミの盗みが運搬距離に影響するかどうか検討してみた．アカネズミの活動性は冬季（12-3 月）に低下する傾向がある．とくに地表貯食したクルミを盗まれる頻度はこの間，非常に低くなる．そこで，アカネズミの盗み率が低い 12-3 月と盗まれやすい 4-6 月で，運搬距離を比較してみた．ちなみに，12-3 月までのクルミ探索時間は平均 10.3 分，4-6 月までは平均 14.1 分で有意な差はない．どちらも結実期ではないため，クルミ 1 個をみつける時間がかかる点ではほぼ同等である．平均運搬距離は，12-3 月は 10.1 m だったのに対し，4-6 月には 19.9 m と長い．このように，モデルから理論的に予測される運搬距離の変化の傾向は，実際に野外の運搬距離の傾向と合致することが示された（図 4.19）．

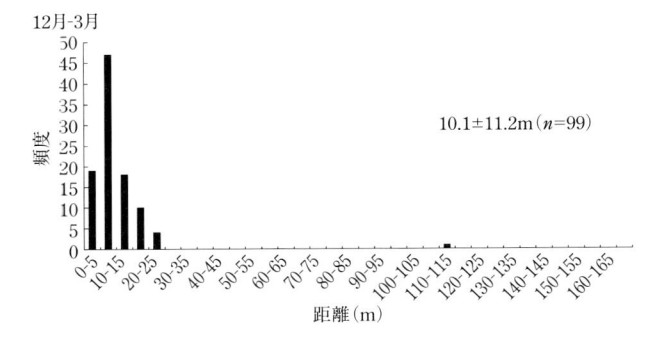

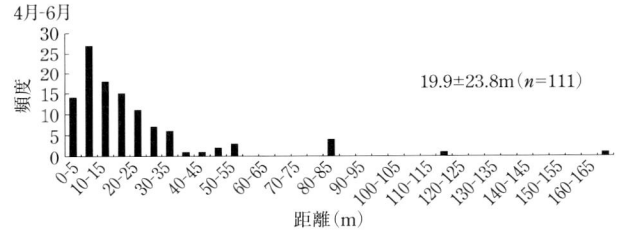

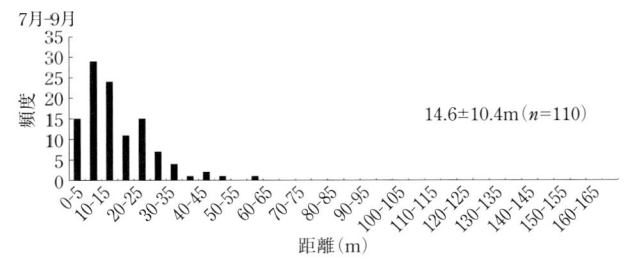

図 4.19 各季節にリスが貯食のためにオニグルミ種子を運搬した距離. 平均値±SD（サンプル数）.

（4）距離と実生の生残率

　リスがクルミを貯食するために運搬する距離は，クルミにとってみると，とても重要な問題を含んでいる．一般に，植物は母樹のそばでは，実生どうしの資源をめぐる競争が強かったり，捕食者となる昆虫や菌類などが多いため，実生が生き残る可能性が低いといわれている．オニグルミではどうだろ

うか．オニグルミの母樹の周囲で次世代となる実生苗がどのように分布しているのかを調べてみた（Tamura *et al.* 2005）．クルミの木を含む 100 m×200 m の範囲を徹底的に調べ上げるというオーソドックスな植生調査である．調査地は，特別な許可を受けて，天皇の御陵墓がある多摩御陵の林内で行った．下草刈りなどの作業が行われる山林では，オニグルミの実生を手つかずに残すことができない．ニホンリスが生息していて，下草に手が入れられていない調査地として，多摩御陵の森林は最適であった．多摩御陵の林内は一般の立ち入りが禁止されているため，人為による影響が最少限に制約されている．調査プロットは母樹のクルミから斜面上部に向かって設置しているので，種子が転がり落ちて分散する可能性はない．実生苗がクルミの木から離れてみつかる場合，それは動物によって運ばれたものと考えられる．

1994 年から 1997 年まで，毎年 7 月に調査を行った．その結果，少ない年で 29 個体，多い年では 88 個体の当年生実生が認められた．母樹からの距離は，平均 24 m から 34 m であり，最高 111 m も離れた尾根に生育しているものもあった．樹冠直下（幹から半径 5 m 以内）に生育する実生苗はほとんど認められなかった．どうやら，落下したクルミの種子は，ニホンリスやアカネズミによって種子散布されたものと考えられる．さらに，おもしろいことに，2 年生以上になった苗は，当年の実生よりも母樹からより遠い位置にあることがわかった．その平均距離は年によって異なるが，当年生実生では 24 m から 34 m であるのに対して，2 年生以上では 32 m から 52 m であった．また，3 年以上生き残った苗はいずれも，母樹から 20 m 以上離れた位置の個体ばかりであった．このことは，実生として発芽した後も，より遠くへ散布された種子から発芽したもののほうが生き残る確率が高いことを意味している．オニグルミにしてみると，少しでも遠くへ，そしていろいろな場所へ運んでもらうことが，実生の生残率を高めるうえで好ましいということになる．

4.5　クルミとリスとアカネズミ

（1）リスとネズミとクルミのサイズ

　クルミの種子散布の研究をしていて，いつも気にかかることがあった．ニホンリスにとってオニグルミはやや大きめの餌ではあるが，けっして不自然な大きさではない．しかし，アカネズミがオニグルミを扱う様子はとても不自然である．どう考えても，大きなオニグルミをもて余しているようにみえる．

　種子の大きさというのは，種子散布を担う動物との共進化の結果として，ある程度決まるものだといわれている．たとえば，東南アジアの熱帯林において，大型の種子ドリアンを食べ，それをもっぱら散布するのはオランウータンであり (Leighton 1993)，大きなセンダン科の種子を散布するのは大きな嘴をもったサイチョウである (Kitamura et al. 2002)．そう考えると，オニグルミの種子を散布するためには，アカネズミの体では少し小さすぎるように思える．かれらの体重は大きくても 50 g 程度なので，平均的なオニグルミの重さ 10 g は，かなり重すぎる印象がある．体重 50 kg の主婦が 10 kg の米を運ぶときの状況を思い浮かべてもらえば，想像しやすいかもしれない．しかも，体長 10 cm のアカネズミが 10 m の距離を運搬すると，身長 160 cm の人間が 160 m 運搬することになる．平坦な道ではなく，上り坂や障害物が多い山のなかだから，その労働量は計り知れない．アカネズミがオニグルミの種子散布者というには無理があるように思える．

　一方，これがニホンリスであれば，じつに好適なサイズと思われる．先ほどと同様，体重 50 kg の主婦を想定してみると，クルミの重さは 2 kg の米に相当する．体長 20 cm のリスが運搬する距離は平均 20 m だったから，160 cm の人間はやはり 160 m 運搬することになる．これならば，通常の買いもの程度の重さである．

（2）大きいクルミと小さいクルミ

　オニグルミは大型の種子であるが，じつはサイズ変異が大きいことも知られている (Seiwa 2000)．私がみたものでも，重さで 4 g という小型のもの

図 4.20 いろいろなサイズのオニグルミ種子.

から 15 g におよぶものまでいろいろある（図 4.20）. 4 g といえば, ちょうどコナラやミズナラなどのドングリ類に相当するサイズである（もっとも, ドングリも種子サイズの変異が大きいのだが）. 小型のアカネズミは, 大きくて手間のかかるクルミよりは, 小さめのクルミを選んでもち去るかもしれない.

　そこで, さっそく大きさの違うオニグルミを使って実験をしてみることにした. 重さ 4-6 g までの小型種子のグループ, 12-15 g までの大型種子のグループをそれぞれ 3 個ずつ, 発信器を付けて給餌箱に入れておき, それらがアカネズミによってどこに貯食されるのか, 野外で調査を行った（Tamura and Hayashi 2008）. 2003 年 11 月から 2004 年 1 月までの期間に, 3 カ所の給餌箱で合計 10 回ずつ調査を行った. いずれの給餌箱でも, 大きなクルミよりも小さなクルミが頻繁にもち去られた. 合計すると, 大きいクルミは 52% しか貯食されなかったが, 小さいクルミは 77% が貯食された. 運搬距離は大きいクルミでは平均 8.6 m (0.1-27 m) であったが, 小さいクルミは平均 16.7 m (1.6-46.5 m) となり, 小さいクルミのほうが遠くへ運ばれる予想どおりの結果となった. そこで翌年, 同じ実験をニホンリスについても行った. ニホンリスには大型クルミ, 小型クルミそれぞれ 5 個ずつ発信器を付けて給餌台へ呈示した.

　驚いたことに, リスはこのサイズの違いに敏感に反応した. 大きなクルミはより遠くへ運ばれ, 高い比率で貯食された. しかし, 小さなクルミは貯食

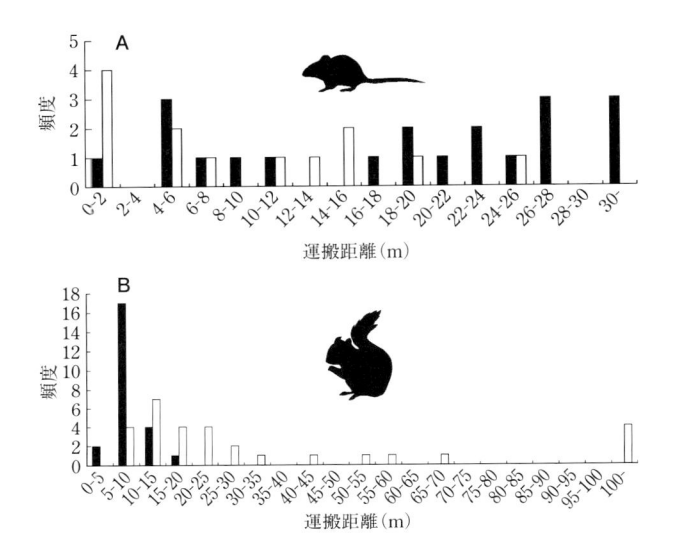

図 4.21 クルミのサイズに対するアカネズミとニホンリスの異なる反応．3カ所の調査地のうち，1カ所の例を示した．A：アカネズミが貯食のために運搬した距離，B：ニホンリスが貯食のために運搬した距離．白は大型のクルミ，黒は小型のクルミを示す．

されるよりも，その場で食べられてしまう頻度が高く，運搬距離も短い傾向があった．貯食頻度は大型種子では90%，小型種子では60%であった．また平均運搬距離は，大型種子が16.6 m（0.1-108 m）であったのに対し，小型種子は4.1 m（0.1-13 m）であった．つまり，アカネズミとニホンリスでは，大きさの違うクルミの種子に対して，まったく逆の行動をとることがわかったのである（図4.21）．アカネズミが大きなクルミをもち運べないのはある程度予想できたが，ニホンリスが大きなクルミを大切に遠くへ運んで貯食し，小さなクルミを適当に近場へ貯食するというあまりにも明確な違いを示すことに驚いた．

（3）クルミのサイズの地域差

さて，ここでクルミの立場になって考えてみる．遠くへ運んでもらうこと

が種子の生残率を上げ，そこから芽生えた実生の生残率も高い傾向があったことを思い出してもらいたい．アカネズミだけが種子散布をする地域があるとすれば，小型種子が遠くへ運ばれ，生き残るはずである．逆にニホンリスだけが種子散布に貢献している地域があるとすれば，そこでは大型種子がより生き残るであろう．もし，クルミの種子サイズが次世代へ遺伝する形質であるならば，地域個体群ごとに種子サイズが異なることが予想される．つまり，ニホンリスが多い地域ではオニグルミ種子は大型であるはずだし，ニホンリスがいないがアカネズミがいて，それが種子散布者となっている地域では小型になるだろう．

この仮説を確かめるため，実際に，オニグルミの種子を各地で採集することにした（Tamura and Hayashi 2008）．ニホンリスは本州の中北部には比較的普通にみられるが，本州西南部，とくに中国地方では個体数がきわめて少なく，四国でも散発的にしか分布していない．また，佐渡島，隠岐などの島嶼には分布していない．九州での分布は現在，議論の的であるが，標本が残っていないことから，もともと生息していなかったとの見方もあるほどである（第6章6.3(4)参照）．一方，アカネズミのほうは，本州，四国，九州，佐渡島，隠岐いずれの地域にも普通に生息している．したがって，本州中北部では主要な散布者はニホンリスであるが，中国，四国，九州，佐渡，隠岐では，ニホンリスではなく，アカネズミがおもにクルミの種子散布を担っていると考えられる．

実際に日本各地 11 カ所でオニグルミ種子を採集した（図 4.22）．それぞれの地域で $100 \mathrm{~km}^2$ の範囲に生育する 20-30 本のクルミの木から，1 本につきそれぞれ 20 個程度の種子を採集し，種子の長さ，幅，高さをノギスで計測した．クルミのかたちは球形に近いが，個体差が多い．簡便に比較するために，長さ×幅×高さを計測し，だ円球と仮定して算出したサイズ（[長さ/2×幅/2×高さ/2]×$4\pi/3 \mathrm{~mm}^3$）で表すことにした．また，人家周辺など人為的な環境は避けて，なるべく自然な環境に生育する木から採集するようにした．人家周辺のオニグルミは，人間が植えたものである可能性があるからである．同一の木が付ける種子サイズにも少し変異があるが，木ごとの種子サイズの差はそれに比べて大きいことが明らかになった．そこで，同一の木から採集した約 20 個の種子の平均サイズを各木の種子サイズとし，各地域

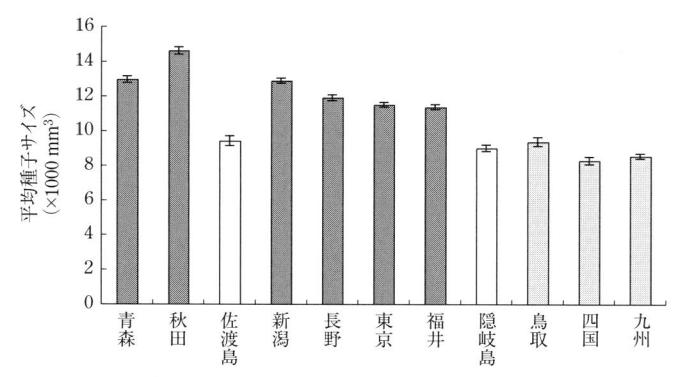

図 4.22　日本各地で採集したオニグルミの種子サイズ．濃い灰色はニホンリスが生息している地域，白は生息していない地域，薄い灰色は減少している区域を示す．種子サイズは，長さ×幅×厚さを測定し，だ円球と仮定して算出した値（×1000 mm^3）とし，各地域の平均値と SD を示した．

約 30 本の木の種子サイズの平均値を比較してみた．すると，ニホンリスが多く生息している 6 カ所では，平均種子サイズは 11.3-14.6（×1000 mm^3）と大きいのに対して，ニホンリスがほとんどいない，あるいはまったくいない 5 カ所では，種子サイズは 8.3-9.4（×1000 mm^3）と小さい傾向が認められた．

 もちろん，クルミの種子サイズには，種子散布者の選択以外にも，土壌条件，気温など多様な要因がかかわっているだろう．とくに，ニホンリスが分布する地域のデータは本州東北部に多かったため，気温が低く，積雪量の多い環境が多かった．そのため，種子サイズが温度や降雪によって決まる可能性も完全に否定しきれない．東北地方にニホンリスがまったくいない島があれば，あるいは本州西南部にニホンリスがたくさんいる島でもあればよいのに……．こればかりは，どうにもならない．しかし，このように種子食者として進化してきたリス類は，種子のサイズや形態にある方向の選択をかけている可能性がある．

第 5 章　生物間相互作用
―― 植物とリスの共進化

5.1　マツボックリとリス

（1）地理的モザイク説

　多様な樹種に囲まれた熱帯林にすむリスを研究した後，温帯林のリスをみてみると，どうしても特定の植物とリスとの密接なかかわり合いに目が向く．私が調査を始めた高尾のニホンリスは，餌としてオニグルミに強く依存していた．そして，リスの貯食行動がオニグルミのサイズにも影響している可能性もみられた．じつは，樹上性リス類と種子の形態との共進化については，アメリカ大陸のマツ類とリスの間で興味深い研究がすでに報告されている．アメリカ大陸に生育するロッジポールマツ（$Pinus\ contorta$）は，マツボックリ（球果）の大きさやかたちに地域変異がある．どうやら，その違いには，リスによる捕食がかかわっているらしい．リスは球果の鱗片を剥がし，その内側にある種子を食べる．クルミと違って，ロッジポールマツの種子は小型で翼があり，風によって種子が散布される．ロッジポールマツにとってみると，リスは種子散布をしてくれる相棒ではなく，迷惑な捕食者となっているわけである．

　リスが多く生息する地域では，できるだけ採食効率を下げるような構造をもつように球果の形態が進化してきたという（Smith 1970）．アメリカアカリス（$Tamiasciurus\ hudsonicus$）が多く生息する地域では，球果の鱗片が分厚い．また，リスによって容易にはずされないように，柄がなく枝に接触して付着し，しかもまっすぐに付着するのではなく，どちらかの方向に偏ることによって，枝への付着部分を増やしている（図 5.1）．さらに枝から齧

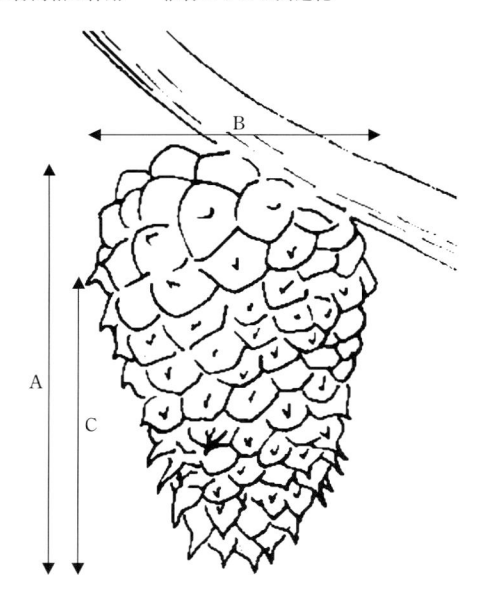

図 5.1 ロッジポールマツは斜めに枝に付着することでリスに取り外されにくく，リスの採食効率を下げている（Smith 1970 より）．最大幅（B）が大きく，幅に対する長さ（A/B）が小さく，最大幅の位置（C/A）が大きいマツボックリはリスによる被食を受けにくかった．

りとりにくいように，2-3 個の球果が 1 カ所にまとまって付いている．球果の基部には種子が含まれていないが，これは基部から順番に鱗片を剝がしてなかの種子を食べていくリスの採食効率を下げている．ロッジポールマツの球果の長さや幅などの形態を個別に測定すると，幅が広いもの，長さに対して幅が広いもの，もっとも幅が広い部分の位置が基部に近いものは，リスに採食されずに樹上に残存する傾向が認められた（Elliott 1974）．これらの特徴は，リスの採食効率を下げる形質であるが，ロッジポールマツにとってみると，種子よりも球果に多くの投資をかけなくてはならない不経済な形質である．

さらに興味深いことに，このロッジポールマツは鳥類のイスカ（*Loxia*

curvirostra）と深いかかわりがある．イスカは嘴がペンチのような特殊なかたちをしていて，球果のなかの種子を餌とすることに適応している．球果の鱗片を剥がし，嘴を突っ込んで種子を食べることができるイスカでも，大きな鱗片をもつ大きいマツカサから種子を取り出すことが苦手である．そのため，イスカが生息する地域のロッジポールマツは，しだいに球果が大型で，より厚ぼったい鱗片をもったかたちに進化していく．イスカはその大きくなった球果から種子を取り出すために，さらに長い嘴を獲得していく．すると，また球果はより大きく……こうしてロッジポールマツとイスカはたがいに選択をかけ合いながら，どんどん極端な形態への進化が進む（Benkman *et al.* 2001）．このように一方向にどんどんエスカレートしていく共進化の状況のことを「アームレース」，日本語では"軍拡競争"とよんでいる（Janzen 1980）．しかし，イスカとロッジポールマツの軍拡競争にアカリスが介入することで，平衡が保たれる．アカリスはイスカとは逆に，種子がたくさん入っている大きな球果を選択的に採食するため，アカリスが生息する地域では，小さい球果が生き残る傾向があるのだ．したがって，アカリスが生息するロッキー山脈では，イスカの嘴の長さは平均 9.3 mm にとどまっているが，アカリスがいないサウスヒルでは，ロッジポールマツとの軍拡競争の結果として，嘴は平均 10.0 mm と大きくなっている（図 5.2）．

　アメリカ大陸でのイスカとアメリカアカリスとの関係は，種の構成は違えど，ユーラシア大陸でも同じように報告されている（Mezquida and Benkman 2004）．イベリア半島にはアレッポマツ（*Pinus halepensis*）という種類が分布しているが，このマツとイスカにも軍拡競争が認められる．しかし，ここでもキタリス（*Sciurus vulgaris*）という別のタイプの種子捕食者が介在することで，球果の形質や嘴サイズが均衡を保っていることが推測されている．イベリア半島部分にはこのキタリスとイスカが両方生息しているが，その周囲にはキタリスが生息せずイスカだけがいる島，キタリスもイスカも生息していない島もある．これら 3 タイプの捕食者存否の組み合わせで，アレッポマツの形質に違いがあるかどうか比較してみた．まず，半島部と島嶼部で形質の違いが出る．つまりキタリスがいる地域では，球果が大きくなり，堅い鱗片が発達する．ここで注意しなくてはならないのは，前に述べたロッジポールマツとアレッポマツの球果サイズが違うということである．ロッジ

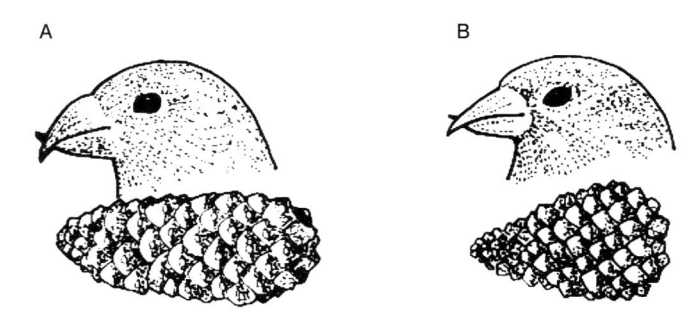

図 5.2 ロッジポールマツの球果サイズとイスカの嘴長の軍拡競争（Benkman *et al.* 2001 より）.
A：アカリスが生息していないサウスヒルでは，イスカとロッジポールマツで1対1の関係がエスカレートする．イスカの捕食を免れるように，ロッジポールマツの球果は大きく，鱗片が厚くなっていく．それに応じて，イスカの嘴はより長く曲がったかたちに進化するという"軍拡競争"が認められる．
B：アカリスが生息しているロッキー山脈では，アカリスが大きな球果を好んで利用するため，捕食されにくい小さな球果が残る．その結果，イスカの嘴とロッジポールマツの球果との間で"軍拡競争"はエスカレートせず，平衡が保たれている．

ポールマツの軸長は通常 3-6 cm と小さいが，アレッポマツは 6-8 cm と大きい．キタリスは球果の軸長が 4 cm くらいの小さなスコットマツ（*Pinus sylvestris*）では，種子がたくさん入っている大きな球果を好んで食べるが（Summers and Proctor 1999），大きなアレッポマツでは，堅い鱗片をもつ大きすぎる球果は採食効率が悪くなるため，食べ残されるのだ．その結果，キタリスが生息する地域で，アレッポマツの球果サイズはより大きくなる．つぎに，キタリスがいない島でみてみると，イスカがいる島といない島の間で違いが出る．イスカがいる場合，アレッポマツの球果は短く厚ぼったい鱗片をもつようになる．

　上記の一連の研究は Benkman 博士とその共同研究者たちによって行われたものであるが，かれらはさらに別の種類の組み合わせで共進化の実例を示している．リンバーマツ（*Pinus flexilis*）は風散布のロッジポールマツと違って，大型の種子をつくり，動物の貯食によって種子を散布させる日本のゴヨウマツに近い仲間である．アリゾナ州では，このリンバーマツの種子散布

図5.3 アメリカアカリス（*Tamiasciurus hudsonicus*）の貯食場ミドン．リスが剥がした球果の鱗片が山のように積もっている．このなかに，未食の球果も埋められている．

を行うのはハイイロホシガラス（*Nucifraga columbiana*）である．しかし，ここでもまた，アメリカアカリスが種子の捕食者として介在する．アメリカアカリスは，ミドン（midden）とよばれる貯食場所を行動圏のなかに何カ所かつくる（図5.3）．このリスは，ニホンリスのように食べものをあちらこちらへ分散貯食せず，ミドンにまとめて貯食し（集中貯食），そしていくつかのミドンをふくむ自分のテリトリーをつねにほかのリスや動物から徹底的に守る．アメリカアカリスはリンバーマツの球果が未熟のうちに採取して，丸ごとミドンの奥深くに埋めてしまうので，たとえ食べ残されたとしても，種子はうまく発芽できない．つまり，リンバーマツにとれば，リスにもっていかれるのは都合が悪く，それよりもハイイロホシガラスに貯食してもらうほうが好ましい．アメリカアカリスが好まないような形質を発達させることが重要であるとするならば，球果あたりの種子数を少なくするべきだし，種子以外の球果部分の重量を増やすべきだし，種子を保護する種皮を厚くするべきである．この予測はあたっていた．このリスがいないグレートベースンに比べて，このリスがいるロッキー山脈のリンバーマツは，種子数が少なく，種子以外の球果部分への投資が多く，種皮が厚い傾向があった（Benkman 1995）．

このように，マツ類の球果の形態は，種子の捕食者であるリスの存在によ

って影響を受けている可能性がある．こうした共進化は種ごとに考えるのではなく，地域単位でとらえ，種組成やそのかかわり合いの違いのなかで議論していく必要がある．これは共進化の地理的モザイク説（geographic mosaic）という（Thompson 1997）．種の分布はどこでも一様ではなく，多かったり少なかったり，ときには空白地帯もある．そうしたモザイク状の分布によって，個体群ごとに異なる種間関係が展開され，異なる形質がモザイク状に進化していくという考え方である．そのため，かなり大きな地理的スケールで比較研究する必要が出てくる．Benkman 博士らの一連の研究は，この地理的モザイク説によって，これまで説明が困難と思われてきた動物と植物の共進化の過程を明示することに成功した好例といえる．

（2）富士山のニホンリス

たまたま遊びに出かけた富士山五合目で偶然，ゴヨウマツ（*Pinus parviflora*）の球果をくわえて走り回っているニホンリス（*Sciurus lis*）をみかけた．標高 2300 m の地点で，すでに森林限界に近く，カラマツ，コメツガ，ゴヨウマツが混在しているが，木もまばらで樹高が低い（図 5.4）．こんなところにニホンリスがすんでいるのかと驚いたが，同時にどんな暮らしをしているのか興味がわいた．その後，なんとかさまざまな手続きを行い，調査の許可を得て，標高 2300 m に暮らすニホンリスを捕獲し，テレメトリー調査を開始した（田村 2005）．

この研究は，当時，東京農工大学の大学院生であった小林亜由美さんと共

図 5.4 富士山五合目付近の森林限界．

同で行うことになった．2004年10月から2006年9月までに，延べ10個体を捕獲して行動範囲を調べることができた．じつは，2004年の秋には1個体しか捕獲できず，その個体も2005年の春には姿を消してしまった．2005年の春から捕獲調査を試みていたのだが，いっこうにリスが捕獲されない．リスが生息している気配もないため，2年間という短い修士課程の研究テーマとしては，あきらめざるをえないかと考え始めたころに，ようやくつぎつぎと捕獲できるようになった．どうやら，この厳しい森林限界では，毎年必ずしもここで冬越しできているわけではないらしい．9月になってゴヨウマツ樹下にエビフライ状の食痕が落ち始めたころ（図5.5），リスも捕獲され始めるようになった．新しい個体が実りの季節に分散して，この森林限界まで上がってきたようである．2005年の秋にはオス3個体とメス1個体が捕獲され，テレメトリー調査が本格的に開始された．このうち，1個体のオスは体重が170gしかなく，未成熟であったが，残りの3個体は成熟個体で，体重も210-230gであった．

メスは11月に入って，テン（*Martes melampus*）に捕食されたものと思われる．脱落した発信器付き首輪の横にはテンの足跡とフン，血痕が残っていた．未成熟オスも首輪だけが回収され，以後捕獲されなかったため，死亡したものと考えられる．残りのオス2個体は，その後も調査地内に生息していた．しかし，1月から3月までの冬季は積雪と風が強く，調査地までの林道は通行止めになり，立ち入ることができなかった．通行規制が解除されるのを待ち，翌年5月から再び調査を開始した．2006年5月には，前年から

図 5.5 ゴヨウマツ（*Pinus parviflora*）の球果，ニホンリスによる食痕，なかの種子．

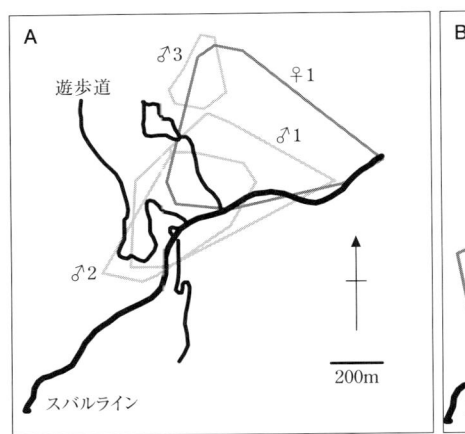

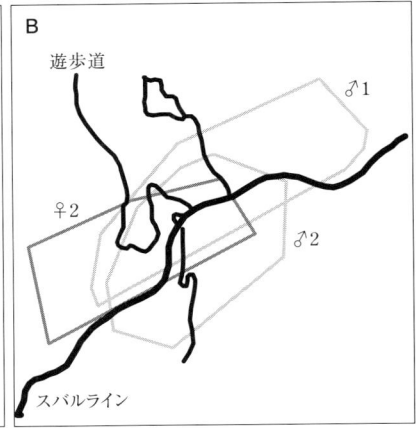

図 5.6 富士山森林限界におけるニホンリスの行動圏.
A：2005 年 10-11 月に追跡したオス 3 個体メス 1 個体の行動圏の最外郭，B：2006 年 5-7 月に追跡したオス 2 個体メス 1 個体の行動圏の最外郭.

のオス 2 個体と別のメス 1 個体が捕獲された．2004 年は調査地でリスが越冬できなかったようであったが，この 2005 年の冬には少なくともオス 2 個体が冬越ししたことになる．テレメトリー調査は各月に 4-12 日間行い，1 日で 1-12 回リスの居場所を特定した．場所の特定は 30 分以上の間隔をおいて行い，特定の時間帯に集中しないように行った．

こうして，各個体の行動圏を最外郭法で調べた結果，未成熟個体を除くと，オスでは平均 19.6 ha，メスでは平均 15.3 ha となった．この値は高尾の混交林で調べた値と比べてかなり広く，とくにメスの行動圏が大きいことが特徴的であった（小林ほか 2009；図 5.6）．

この広い範囲をリスはすべてくまなく利用しているのではなく，行動圏のなかでとくによく利用する場所がある．調査地の植生としてもっとも多いタイプはコメツガ林（41%）で，そのつぎがカラマツ林（11%），樹高が高いシラビソ／オオシラビソ林（10%），火山性礫地など木本が認められない裸地（13%），ミヤマヤナギやミヤマハンノキなどが混在する林縁（14%）であった．ゴヨウマツはまとまった林分を形成することはほとんどなく，裸地の周辺やコメツガ林内に部分的にまとまって生育している．ゴヨウマツがみ

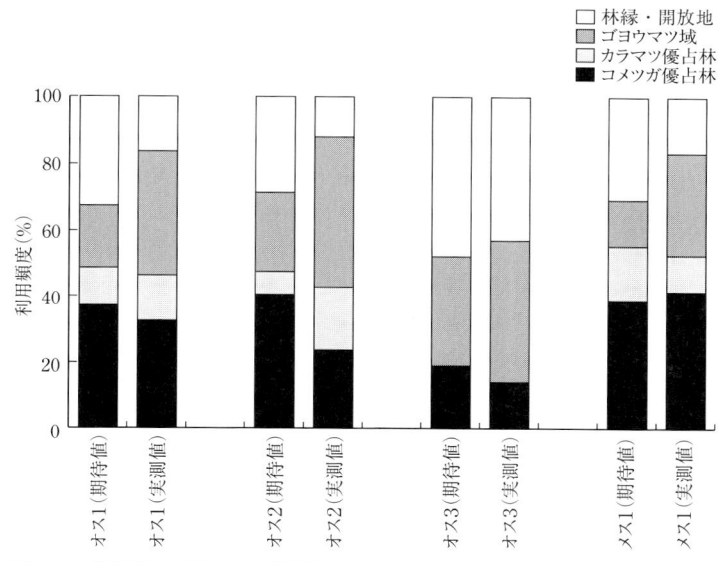

図 5.7 各個体の植生タイプ選択.
各個体の行動圏内における植生タイプの面積比から求めた期待値と実際に利用していた時間割合の実測値とを比較すると，ゴヨウマツ分布域を選択的に利用する個体が多い（2005 年 10-11 月の調査結果）.

られる区域をゴヨウマツ分布域（10%）と定義した．各個体の行動圏内に含まれるこの 6 タイプの植生環境の割合と，実際にリスが利用していた頻度を比較してみると，多くの個体が好んで利用していたのはゴヨウマツ分布域であった（図 5.7）．実際にカラマツ林，コメツガ林，シラビソ林，ゴヨウマツ分布域において，落下しているリスの食痕数を調べてみると，明らかにゴヨウマツ球果の食痕が多かった．ほかの餌に比べて，ゴヨウマツをとくに餌として好んで食べているらしい．ここには，これまでの調査地と違って，オニグルミも生えていないし，アカマツもない．それらにかわるここでの主食は，このゴヨウマツといえるかもしれない．確かにコメツガ（*Tsuga diversifolia*）やカラマツ（*Larix leptolepis*）も種子を生産するが，毎年実るわけではない．それに，コメツガもカラマツも種子 1 個の大きさはかなり小さく（コメツガは 2.0-2.8 mg，カラマツは 3.3-5.3 mg），採食効率がかなり悪いこ

132　第5章　生物間相互作用——植物とリスの共進化

図 5.8　カラマツ（*Larix leptolepsis*）の球果，ニホンリスによる食痕，なかの種子．

図 5.9　コメツガ（*Tsuga diversifolia*）の球果，ニホンリスによる食痕，なかの種子．

とが予想される（図 5.8，図 5.9）．ゴヨウマツは種子が大きく（1個 34-50 mg），1個の球果で得られるエネルギー量はほかの針葉樹に比べて莫大に大きい．

　このゴヨウマツは，ホシガラス（*Nucifraga caryocatactes*）も餌として利用していて，10月ごろ，裂開した球果から種子を取り出してあちらこちらに貯食していた．ニホンリスは球果が裂開する以前の9月から10月にかけて，球果のつけねからもぎ取り，その場で食べるか球果ごと運んで埋めてい

た．したがって，ゴヨウマツにとって，ニホンリスは迷惑な種子の捕食者であり，ホシガラスはありがたい種子の散布者であると考えられる．アメリカのリンバーマツ，ハイイロホシガラス，アカリスと同じような状況が思い浮かぶ．

（3）ゴヨウマツ類とニホンリス

ニホンリスもこれまでのほかの研究と同様，球果のサイズを選んで採食していることがわかった．大きめの球果を選んで食べるのである（小林ほか 2009）．ゴヨウマツの 30 本の木について，各木から半径 3 m の範囲に落下していた球果をすべて回収した．全部で 581 個の球果が回収され，このうちリスの食痕が 189 個，ホシガラスの採食痕跡があったものが 27 個，まったく食べられていなかった球果が 366 個であった．ニホンリスが食べた球果の軸長は平均 48.9 mm，それに対して，リスによって食べられていなかった球果の軸長は 38.6 mm であった（図 5.10）．23 本の木については，木ごとに，食痕のある球果とない球果の軸長を比較した．その結果，食べられていた球果のほうが統計的に有意に長いという結果になった．例数は少ないが，ホシガラスの食痕については，利用可能な球果のサイズとの違いはなかった（図 5.11）．したがって，ニホンリスは同じ 1 本の木のなかで，より大きい球果を選んで食べている可能性がある．ゴヨウマツの球果では，軸長が長い大き

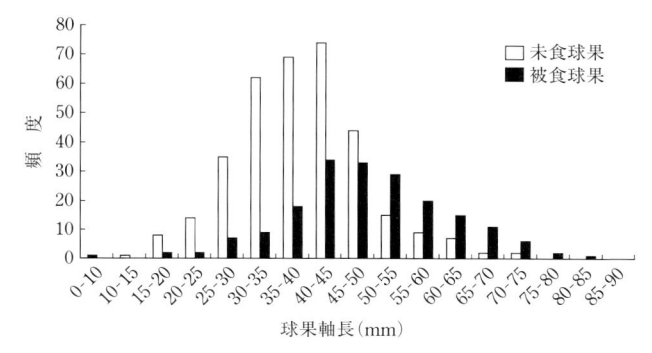

図 5.10 リスによって食べられたゴヨウマツと食べられなかったゴヨウマツの球果軸長の違い．

図 5.11 ホシガラスによって樹上で裂開前に突かれたゴヨウマツ球果.
ホシガラスはおもに 10 月以降,球果が裂開してから,なかの種子を取り出して食べる.しかし,ときにはこのように,裂開する前から種子を取り出そうとする.

な球果ほど,なかに多くの種子を含んでいる.ゴヨウマツの球果のサイズは,木ごとよりも,同じ木のなかでの変異のほうが大きい.つねに大きい球果を付ける木とか小さい球果を付ける木とかいう変異の傾向はなく,同じ木に,大きい球果と小さい球果が同時に実る.そうすると,より大きな球果はリスに早めにもぎ取られてしまう.球果が裂開し,ホシガラスが貯食するときには,リスがまだ食べていない小さめの球果しか残っていないことになる.

逆に考えると,富士山五合目付近に生育するゴヨウマツでは,球果サイズに変異をもたせること自体が,ホシガラスによる種子散布のチャンスを増やす戦略となっているのかもしれない.ニホンリスやホシガラスの生息状況が異なるほかの地域で,ゴヨウマツの球果サイズや変異を調べてみるとおもしろいかもしれない.

日本に生育するゴヨウマツの仲間は,ハイマツ（*Pinus pumila*），チョウセンゴヨウ（*Pinus koraiensis*），ゴヨウマツ（キタゴヨウ,ヒメコマツ *Pinus parviflora*），ヤクタネゴヨウ（*Pinus amamiana*）の 4 種である.これらは,アカマツやカラマツなどと異なり,種子が大きく,翼が発達していないため,風による種子散布ではなく,動物に種子散布を依存するタイプと考えられている.チョウセンゴヨウは,このなかでもっとも大きな球果をつく

図 5.12 チョウセンゴヨウ（*Pinus koraiensis*）の球果，鱗片，種子．

り，軸長が 17 cm にも達する．種子は長さ 1.2 cm もあり，翼はない（図 5.12）．チョウセンゴヨウは，北東アジア，朝鮮半島，ロシア沿海州にかけて広く分布し，それらの地域では優占樹種となっている．しかし，日本では現在，本州中部の亜高山帯岩礫地に散発的に分布するのみである．第四紀のはじまりに訪れた寒冷期のころの地層では，日本列島でもチョウセンゴヨウの化石が各地で産出されるので，その時代には日本中広く分布していたと考えられている（百原 1996）．

ニホンリスに近縁であるが，別種とされている北海道のキタリス（*Sciurus vulgaris*；亜種名エゾリス）は，この球果を好んで利用し，貯食することが知られている（Hayashida 1989）．キタリスは，球果から種子を取り外し，1個ずつ分散貯食するため，種子の散布者としての役割を果たしている．ほかのゴヨウマツ類と異なり，球果が大きいチョウセンゴヨウは，ホシガラスなどの鳥類による種子散布に適していない．成熟後も球果はあまり開かず，厚くてしっかりと固着した鱗片を剥がして種子を取り出すことは，キタリスには可能でも，ホシガラスには不可能なのである．したがって，チョウセンゴヨウが種子散布者として選んだ相手は樹上性リス類であり，リスとの共進化によって球果の形質が決まっていると考えられる．しかし，じつは，チョウセンゴヨウは北海道には自生していない．エゾリスが好んで種子散布する

ことから，植栽されたチョウセンゴヨウがしだいに天然更新し，北海道でも分布を広げているのである．もともと，エゾリスと同種であるキタリスはユーラシア大陸に分布していて，チョウセンゴヨウと深いかかわりをもっていることは事実であるが，北海道の固有の植生環境に影響を与えてしまっているのは問題である．

　一方，本州に自生しているチョウセンゴヨウとニホンリスのかかわりについては研究例がない．キタリスよりも小型のニホンリスが大きなチョウセンゴヨウの球果を木から落とし，地面に落ちた球果のなかから種子を取り出しては，あちらこちらに忙しそうに貯食する姿をみたことがある．ニホンリスがチョウセンゴヨウの種子散布に寄与している可能性は高い．

　ゴヨウマツはキタゴヨウとヒメコマツに分けられることもあるが，分類はむずかしい．北海道から本州北部に分布するキタゴヨウでは，球果の軸長が10 cm におよぶが，本州中南部に分布するヒメコマツでは，軸長は最大でも7 cm 程度である．種子のサイズは約 10 mm で，ごく短いが翼がある（図5.5 参照）．チョウセンゴヨウでは，なかから種子を取り出して貯食するキタリスも，それより小さいゴヨウマツの球果では，なかから種子を取り出さずに球果ごと埋めて貯食する（林田 1988）．キタリスやニホンリスによって球果ごと埋められてしまった場合，実生はうまく発芽できない．球果ごと埋められてしまうと，湿った地中で球果は開かず，発芽することができないからである．したがって，ゴヨウマツの有効な種子散布者はニホンリスやキタリスではない．ゴヨウマツは，9月末から10月ごろ，球果を樹上で裂開させ，種子を周囲に落下させる．一方，チョウセンゴヨウやハイマツの球果では，このように種子を落下させるほどの裂開はしない．ゴヨウマツの球果が裂開すると，ホシガラスは樹上で球果から種子を取り出したり，地面に落下した種子を回収して，それらを貯食する．また，落下した種子はネズミ類（北海道ではシマリスなども）が貯食する．そのため，ゴヨウマツが種子散布者として選んだ相手はリスではなく，ホシガラスや地上性のゲッ歯類であると考えられる．

　ヤクタネゴヨウは，屋久島，種子島にのみ分布する．台湾や中国高山に分布するタカネゴヨウ（*Pinus armandii*）と近縁であると考えられている．球果の軸長は 4-11 cm で，鱗片が外へ反り返っている変わった形態をしてい

る．しかし，個体数が非常に少なく，散布者についての研究は行われていない．

ハイマツの球果はさらに小型で，軸長が5cm以下である．種子は8-10mmで翼はない．東北アジア一帯や，北海道，本州の標高が高い森林限界域に分布する．ハイマツは，成熟後も球果を大きく裂開させない．ホシガラスはハイマツの球果を樹上で切り離し，なかから種子を取り出して，おもに裸地に貯食する．ハイマツはこうしたホシガラスの種子散布に適した特徴を備えている（斉藤2000）．ホシガラスは数個の種子をまとめて埋めておく．実際に，食べ残された種子はそこからまとめて，ときには10本以上芽生えてくる．このように複数の実生が一度に出てくる"束生"とよばれる現象は，同種内の競合を生むデメリットが心配されるのであるが，逆にいくつかのメリットもあるという．たとえば，5cmほどの深さに埋められた場合，1個の種子だけではうまく発芽できない．しかし，複数の種子が1カ所に埋められた場合，同時に発芽する力によって，深さ10cmでも土をもちあげて，発芽が可能となる．また，発芽後も，まとまって実生が生えていることで，寒乾風や豪雪，種間競争などに対抗して単独よりも有利な場合がある．つまり，厳しい高山の環境のなかでハイマツが更新するためには，ホシガラスが行う貯食行動がとても好都合であると考えられている．

富士山は，火山によって形成された独立峰であるため，その植生は周囲の山脈のものと比べて特殊である．本来ハイマツが分布するべき環境に，ハイマツが侵入していないかわりに，樹形が矮小化したカラマツやゴヨウマツがみられるのである．ハイマツは樹高が低く，こうした森林に樹上性リス類はあまり生息していない．したがって，ハイマツとホシガラスの1対1の共進化がみられる可能性がある．一方，ゴヨウマツの木は矮小化したとしてもハイマツより高くなるため，樹上性リス類の生息環境となる．ゴヨウマツには，ホシガラスによる種子散布のほか，ニホンリスによる種子の捕食が関与する可能性がある．ゴヨウマツでみられるリスによる種子の捕食が，どのように球果の大きさや付き方，あるいは種子と球果へのエネルギー配分などに影響しているかは今後の課題である．日本のマツ類についても，リスとの共進化の観点から，その球果サイズや形態を見直してみると興味深い．

5.2　クルミ割り行動の地域差

（1）クルミ割りができないリス

　オニグルミについても，ニホンリスでおもしろい地域適応がみられる．前の章までは，ニホンリスはクルミが大好物であるという話をしてきたが，じつはそうでもないニホンリスもいることがわかった．正確には，味覚として嫌いというわけではない．クルミを割るのが苦手ということなのである．ことの発端は，前述の富士山森林限界で調査を開始したときである．こんな高いところにいるリスはどうやって暮らしているのだろうかと興味をもち，捕獲してテレメトリー調査でもやろうかと思っていた．いつものようにオニグルミを丸ごとワナに入れてプリベイトしておく．ところが，半年経ってもワナに餌付くことがない．リスがいるのはわかっているし，ワナのそばをうろついている姿も目撃している．ふと，この調査地にはオニグルミがいっさい生えていないことに気づいた．オニグルミを食べたことがないに違いない．そこで，丸ごとではなくオニグルミを割って与えると，すぐに餌付いて，捕獲できるようになった．このころ，ニホンリスを研究のために飼育していた大久保未来さんから，「うちのリスはオニグルミを食べられないんです」という話をきいた．どうやら，アカマツ林で捕獲されたものだという．この話を聞いて，おもしろいと思った．

　ニホンリスがオニグルミを食べる姿は，職人技ともいえる．クルミの癒合部の一番薄い縫合線の先端から削り始め，そこにできた隙間に歯を差し込む．そしてテコの原理を使って，ちょっとした力で半分に割ってしまう．しかし，先端に隙間をあけただけではうまく割れないこともあり，そのときは縫合線に沿ってさらに削り，隙間を大きくしながら，何度か半分割を試みていく．多くの場合，縫合線を1周削る前に半分割できてしまう．まったくむだがない効率的な食べ方だ．こうした食べ方が，すべてのニホンリスであたりまえのように行われていると思い込んでいた．

　クルミという植物は日本だけではなく，中国，台湾，ペルシャなどのユーラシア大陸に広く分布している．また，アジアのクルミとは遺伝的に異なるが，同様の *Juglans* 属に属する種が北アメリカ大陸や南アメリカ大陸にも分

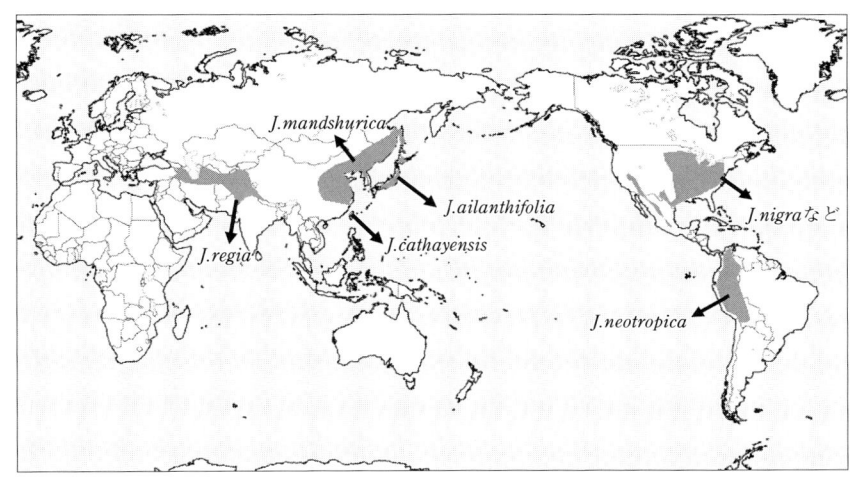

図 5.13 *Juglans* 属の分布（Stanford *et al.* 2000 より）.

布している．*Juglans* 属が分布する地域のいくつかは，*Sciurus* 属のリスの分布域とよく重なっている（図 1.12，図 5.13；Gurnell 1987；Stanford *et al.* 2000）．そのことから，クルミの種分化と *Sciurus* 属との強いかかわりが予想されるのだが，詳細な研究はまだない．このなかで，オニグルミとよばれる種は日本にのみ分布している．遺伝学的には中国に分布するマンシュウグルミ（*Juglans mandshurica*）や台湾に分布するタイワングルミ（*Juglans cathayensis*）ときわめて近縁である（Stanford *et al.* 2000）．また，不思議なことに，アメリカ大陸に分布する *Sciurus* 属のリスたちはクルミをまっぷたつに割ることができない．ニホンリスと同じようにクルミをまっぷたつに割る食べ方をするのは，ユーラシア大陸一帯に分布するキタリスだけである．アメリカ大陸のハイイロリス（*Sciurus carolinensis*）やキツネリス（*Sciurus niger*）では，クルミの殻のあちらこちらから削り始め，中身が出てくると食べ，また殻を削るという繰り返しによって，クルミ 1 個を完食する（図 5.14；Murie 1974）．当然，クルミは大きくて栄養豊富なリスの好物ではあるのだが，それを 1 個食べるのに要する時間は長い．北アメリカのリスは，クルミよりもドングリを好んで利用するといわれている（Smith and Follmer 1972）．その理由は，ドングリは小さいが，食べるために要する時間が短く

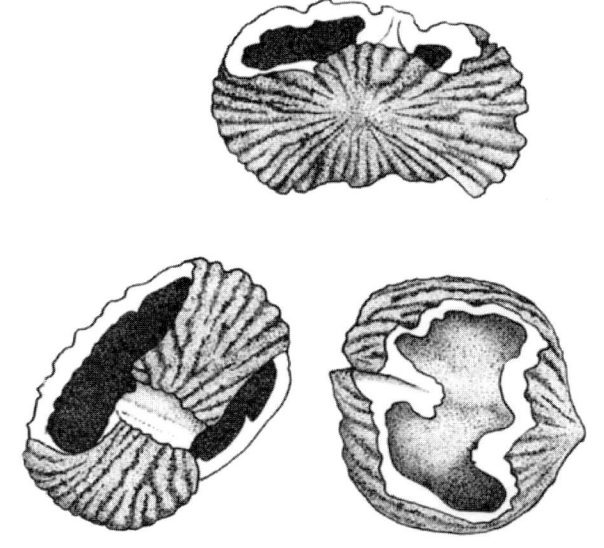

図 5.14 ハイイロリスによるクルミ（*Juglans nigra*）の食痕（Murie 1974 より，森広信子氏描画）．

てすむからである．時間あたりに得られるエネルギー量を考慮すると，クルミよりもドングリを食べるほうがずっと効率的であるというわけだ．

　ニホンリスがオニグルミを主要な餌としている背景には，効率的な食べ方ができるという特技があるからかもしれない．もし，アメリカ大陸にいるハイイロリスやキツネリスのように時間をかけて食べる方法をとっていたら，オニグルミに依存することは逆に不経済になってしまう．ニホンリスによるたくみなオニグルミの食べ方は，どのように身に付けられるのだろうか．ニホンリスならば，生まれながらにしてクルミをうまく食べる技術をもっているのだろうか．つまり，遺伝的に決まった行動なのだろうか．それとも，繰り返し学習によって，しだいに獲得される技術なのだろうか．後者だとしたら，オニグルミが生育する環境で育ってこそ，オニグルミをじょうずに食べられるようになるが，オニグルミが自生していない地域のニホンリスは，クルミを食べる技術をもっていないことになる．さっそく，飼育実験で確かめてみることにした．

（2）オニグルミの食べ方の地域差

まずは，オニグルミが自生している高尾近辺で捕獲したニホンリスを1個体ずつ飼育し，オニグルミの食べ方を記録した．また，オニグルミが自生していない富士山のアカマツ林で捕獲した個体も同様に1個体ずつ飼育し，オニグルミを与えてみた．このとき，ほかの個体がどのように食べるかはみえないように，隣のケージとの間は黒い布で囲って飼育することにした．調査期間中，毎日3個ずつオニグルミが与えられる．このほか，水とヒマワリの種子，配合飼料少量は毎日，煮干し，リンゴ，小松菜などは週に1-2回与えた．各個体について実験開始から10日間で，合計30個のクルミを与え，それがどのように採食されたかを記録した．

高尾近辺で捕獲した15個体は，いずれもじょうずにクルミを半分に割ることができた．個体差はあるが，64-100%の割合で半分割に成功した．一

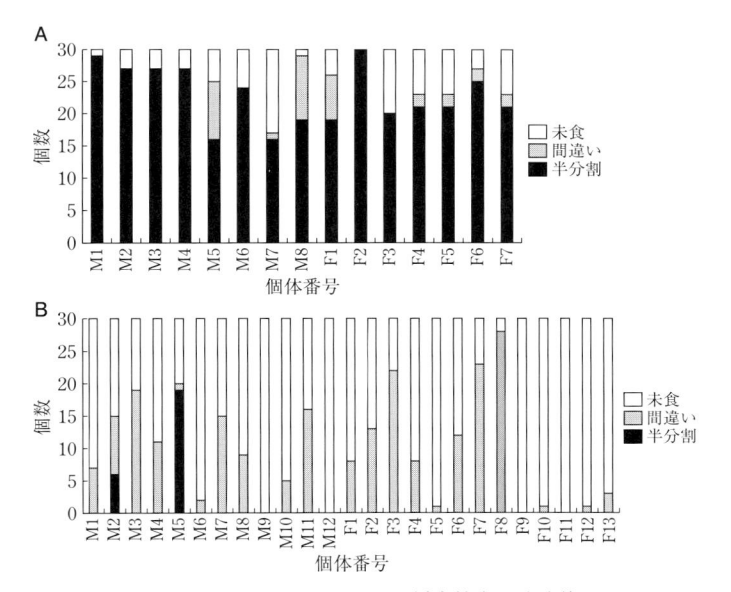

図5.15 ニホンリスによるオニグルミの採食技術の地域差．
A：高尾個体群15個体の採食結果，B：富士山個体群25個体の採食結果．Mはオス個体，Fはメス個体を示す．

方，富士山で捕獲した25個体のうち，1個体は95%の割合で半分割ができ，別の1個体は40%の低い割合で半分割できた．しかし，残りの23個体はまったく分割することができなかった（図5.15）．

おもしろいことに，オニグルミの食べ方はめちゃくちゃなのであるが，個体によってある程度，決まったパターンが認められる．めちゃくちゃながらも，なんとか中身を食べているものもけっこういる（図5.16）．もちろん，ものすごく時間がかかっている．本来のやり方ならば，1個のオニグルミを食べ終わるにはじょうずな個体で5分，平均では19分くらいですむ．しかし，めちゃくちゃな食べ方だと平均42分もかかり，しかもその結果，必ずしも中身を食べられているとは限らないのである．ほとんどの場合，途中で

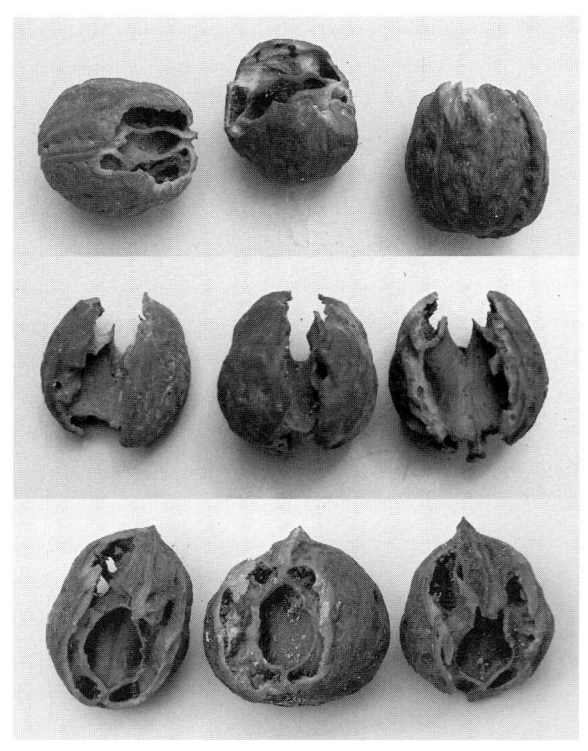

図5.16 富士山個体によるオニグルミの食べ方の例．個体によって特有の採食パターンがある（3個体分）．

断念してしまうのだ．これでは，野外ではやっていけない．明らかに，オニグルミを割る採食技術には地域差があり，オニグルミが自生していない地域では未発達であることがわかった．したがって，ニホンリスであれば，みんな生まれつきオニグルミをじょうずに割ることができるというわけではないようである（Tamura 2011）．

そこで，オニグルミを割る行動が学習によって獲得されるのかどうか，調べてみることにした．まずは，だれかに教えてもらうのではなく，自分で試行錯誤するうちに覚えられるかどうか（自己学習をするかどうか）を調べるために，富士山で捕獲した個体のうち，半分割できなかった12個体を，その後も50日間個別飼育し続け，食べても食べなくても毎日3個ずつオニグルミを与え続けた．その結果，1個体だけが83％の割合で半分割できるようになった．5個体は3-41％の低い割合で半分割できたが，この頻度では食べ方を体得できたのか，偶発的にできただけなのかは曖昧である．

つぎに，じょうずな個体の行動をみて覚えるかどうか（社会学習をするかどうか）を調べることにした．富士山で捕獲し，半分割できなかった10個体について，高尾で捕獲し，じょうずに半分割できる個体の行動をケージごしにみせながら，やはり50日間毎日3個ずつのクルミを与えながら飼育した．その結果，2個体がそれぞれ83％と66％の割合で半分割できるようになった．さらに1個体は41％程度の割合で分割できたが，これでは偶発的なものか技術を習得したのか判断できない頻度である．

けっきょく，この実験では，もともとクルミが自生しない地域で捕獲した個体も，繰り返しクルミを給餌することによって，ある程度の割合でクルミ割り技術を学習する可能性があることがわかった．しかし，自分で学習するケースと，じょうずな個体をみながら学習するケースとでは，学習効果に顕著な差はなかった（図5.17）．つまり，じょうずな個体の行動をみることで学習効率がとくに上がるわけではないという結果になった．しかし，そもそも実験ケージのなかという不自然な環境で，リスが本来の学習行動を示しているかどうかは疑問である．自然環境下では，ニホンリスはよく知っている個体どうしが近接するチャンスをもつのであろうが，今回の実験では，みたこともない高尾のリスがいきなり隣のケージに接近していたわけである．この実験だけでは，リスがクルミ割り行動をほかの個体から学習する可能性は

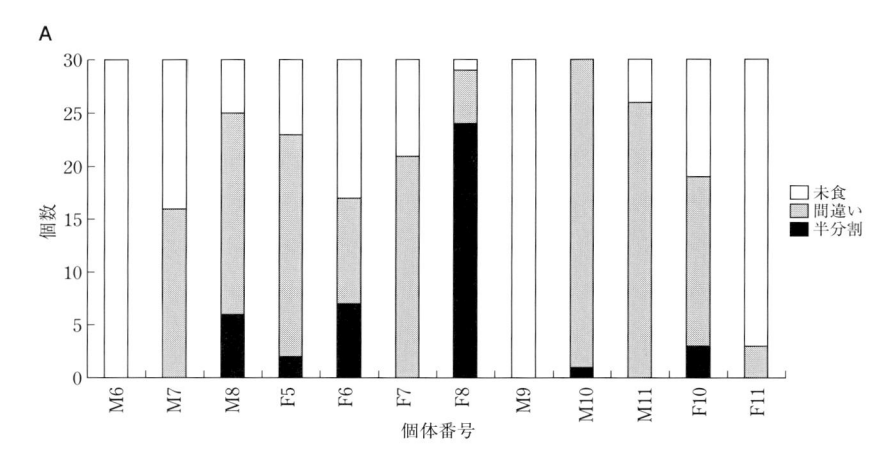

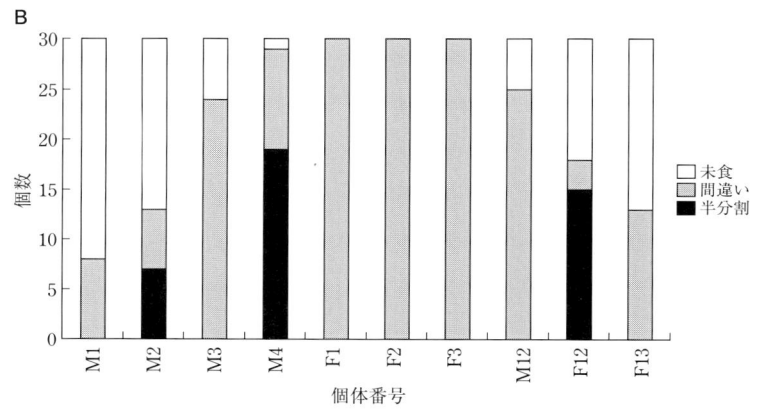

図 5.17 富士山個体群における学習期間後の採食試験結果.
A：個別飼育による自己学習条件，B：モデル個体と隣接した飼育条件．M はオス個体，F はメス個体を示す．

低いと結論しきれない．

　ニホンリスと近縁のキタリスに関して，幼いリスがヒッコリー（*Carya tomentosa*）の殻を割れるようになる過程を観察した古い研究例がある（Eible-Eibesfeldt 1951）．最初は堅い殻をうまく削れないのであるが，しだいに縫合線沿いに隙間をつくれるようになり，最後には半分割できるようになる．

子リスは個別飼育されているので，ほかの個体の行動をいっさい観察しないでヒッコリーの割り方を自己学習したといえる．しかし，自己学習だけではなく，社会学習が重要であるという研究もある．アメリカアカリスでヒッコリーの採食技術の学習を研究した別の研究によると，ヒッコリーをじょうずに食べる個体と同居した場合のほうが，単独で学習させた場合よりも効率的に採食技術が獲得された（Weigl and Hanson 1980）．

　理論的には，自己学習によって学ぶにはコストがかかるような行動では，社会学習の過程が重要であるとされている．たとえば，サソリを食べるミーアキャット（*Suricata suricatta*）の行動がその例である（Thornton and McAuliffe 2002）．幼いミーアキャットは毒をもつサソリをうまく狩ることができない．自己学習でサソリの捕り方を学ぶ場合，毒で死ぬという尽大なコストを払う可能性がある．ミーアキャットは群れのおとながサソリの捕り方を示し，その途中で子どもにサソリを与えるという学習プロセスをとるのだ．ときには尻尾を切り離し，危険がない条件をつくってやってから捕食を試みさせたり，ある程度弱らせてから与えるというように．つまり，社会的なプロセスがあることによって，本来はむずかしい狩りの学習を，低いコストで行っているのである．

　このような危険な事例でなくても，一般的に複雑な技術を必要とする採食行動において，社会学習の過程が重要であることはたびたび指摘されている．たとえば，肉食獣の狩りの仕方，チンパンジーの木の実割りやシロアリ釣り，ニューカレドニアガラスなど鳥類の道具づくりや利用など，いずれも遺伝的なベースはある程度あったとしても，その行動が完結するためには学習，とくに社会的なかかわりを無視することはできない．複雑な採食行動を学習するには多大な時間というコストがかかる．こうした複雑な採食行動の多くは地域特有であることも，社会的な伝承つまり文化的な伝達が関与している可能性を示している．ニホンリスのクルミ割り技術も，学習には時間がかかることが予想される．しかも，クルミを削る音は大きく響くので，捕食者をひきつける可能性もある．学習にともなうコストを下げるためには，自己学習だけではなく，社会学習の関与が得策であるように思われる．

（3）学習と年齢

　ところで，自己学習と社会学習のどちらの実験でも，すべての個体ではなく，1-2割の個体だけがクルミ割り行動を覚えたのはなぜだろうか．その1つの原因と考えられるのが年齢である．ヒッコリーの食べ方を学習するリスのこれまでの研究では，いずれも若い個体で研究されている．若い個体は学習しやすいのかもしれない．しかし，野外ではなかなか正確な年齢がわからない．そこで，飼育下の個体で年齢と学習の関係を調べてみることにした．

　東京都井の頭自然文化園ではニホンリスの繁殖に成功し，累代飼育を続けている（図5.18）．ここのニホンリスは，1970年ごろ東京都奥多摩などからもちこまれたものが起源であるといわれている．だから，もともとはオニグルミを食べていた個体群であろうと思われる．しかし，飼育下では，カシグルミ，リンゴ，ヒマワリ，煮干し，小松菜などを餌として与えられているので，オニグルミを食べた経験がない．井の頭自然文化園の個体はすべてマイクロチップによって識別され，年齢や親子関係がわかっている．小林和夫飼育係長の協力を得て，ここのリスがオニグルミをどのように食べるのかを観察することにした．予想どおり，ほとんどすべての個体が，野外の個体のようにじょうずに半分割することはできなかった．そして，いろいろな食べ方

図5.18　東京都井の頭自然文化園のニホンリス繁殖棟．

をした．そこで，このなかから 17 個体を借用し，学習実験を開始した．今回は，狭い個別ケージではなく，より自然な広めの野外ケージを用意した．2 つの野外ケージの一方には高尾で捕獲したクルミ割りがうまいオス個体が，もう一方にはやはり高尾で捕獲したクルミ割りがうまいメス個体が飼育されている．そこに，動物園由来の個体を 1-3 個体ずつ同居させた．その際，動物園のメス個体は野生のオス個体と，動物園のオス個体は野生のメス個体と同居させた．野外でも異性の個体どうしは行動圏が重複しているので，より自然な飼育環境となったはずである．最初の数日は追いかけ合いが頻繁だったが，その後，追いかけ合いはあまりみられなかった．このケージに，オニグルミを 1 週間に 2 回ずつ，1 個体につき 3 個ずつ与え，2 カ月間で採食技術が上達するかどうかを調査した．オニグルミが食べられない個体の消耗を避けるため，落花生やヒマワリ，リンゴ，サツマイモ，煮干しなども同時に与えた．その結果，2 カ月間で生後約 6 カ月の 5 個体はすべて半分割できるようになった．また，1 歳半から 2 歳の 6 個体のうち，3 個体が半分割できるようになった．しかし，3 歳以上の 6 個体はまったくクルミ割り技術を習得できなかった（図 5.19）．

一方，動物園の繁殖ケージ内で，親と一緒に生活している生後約 6 カ月の子リスにもオニグルミを 2 カ月間与え続けた．ここの親たちは動物園で生まれ育ったため，オニグルミをうまく食べることはできない．だから，うまい

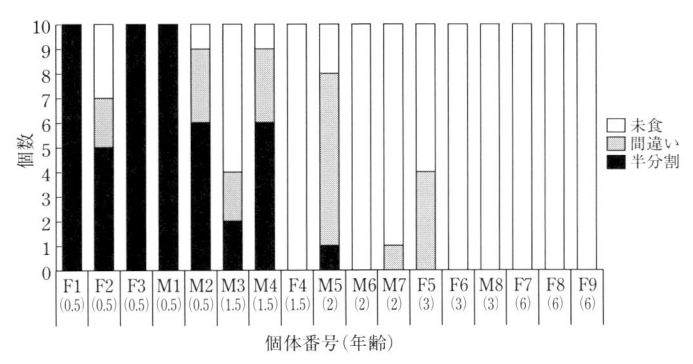

図 5.19 動物園個体の年齢とオニグルミ採食学習結果．M はオス個体，F はメス個体を示す．

クルミ割り行動のお手本をみることができない．2つのケージで合計9個体の子どもに実験をした結果，わずか1個体だけがクルミをじょうずに半分割できるようになったが，残りの8個体はまったく学習できなかった．つまり，じょうずな個体と同居した場合のほうが，クルミ割り技術の学習効果は高かったといえる．

　このように，クルミ割り行動という，リスにとって生きていくうえでとても重要な技術は，若い時期に，おとなから学習することによって効率的に伝えられていくのである．おそらく，野生の状態だと，母親から学ぶことになるのであろう．離乳直後の幼いリスたちは母親の後を付いて回り，採食場所へ連れられていく．その際，母親がクルミを削る行動をみる機会があるし，ときには，母親の食べかけたクルミを横取りしようと寄っていったりする．この期間に餌として食べられるものがなんであるかを学び，同時に食べ方も学ぶに違いない．したがって，母親の行動圏やその周囲に，オニグルミがなかったならば，こうした学習チャンスは得ることができない．そうした環境で育ったリスは，オニグルミを餌として利用できなくなるわけである．もちろん，オニグルミをみても貯食しようとはしないだろう．オニグルミとニホンリスとの関係は，絶妙なバランスで成り立っているのだ．オニグルミが減っていけば，ニホンリスは食べ方を学習できないし，そうなるとオニグルミは種子散布されなくなり，更新しにくくなる．日本各地で人間の利用によって，川沿いの植生環境は大きく変化した．オニグルミなどの河畔林が維持されなくなれば，ニホンリスの餌場は失われ，ニホンリスの生息も危うくなる．それと同時に，オニグルミ個体群も危機をむかえることになるだろう．

5.3　ドングリ食の地域差

（1）ドングリとリスの軍拡競争

　リスといえば，マツ，クルミのほかにドングリも餌として利用すると考えられる．コナラなどドングリ類が属する $Quercus$ 属は世界中に分布し，500種以上が含まれるとされている．ドングリは，リスに限らず，クマやネズミ類，鳥類など多くの動物の重要な餌となっていて，結実量の年変動によって，

それを利用する動物の個体数が大きく変動することもある．動物にとって，影響力の強い植物といえる．樹上性リス類はここでも，ドングリを消費するだけではなく，種子を運搬して貯食し，それを食べ残すことによって種子散布に貢献するため，カシ林生態系のなかで重要な役割をもっている．

ドングリ類とリスの採食行動についての興味深い研究が，アメリカのSteele博士らによって行われている．北アメリカ大陸には，脂質もタンニンも少ないシラカシグループ（*Quercus*）と，脂質もタンニンも多いアカガシグループ（*Lobatae*）がある．このシラカシとアカガシというのは，日本に生育する同じ名前のカシ類とは種が異なるので，注意が必要である．このうち，シラカシグループは，秋に落下した種子がすぐに発根して，その状態で越冬する．これに対して，もう一方のアカガシグループはドングリのまま冬を越し，春先に芽生える．ハイイロリスなどの北アメリカの樹上性リス類は，この2タイプのドングリの違いに合わせ，発根しないアカガシグループを多く貯食に回し，発根してしまうシラカシグループの種子をすぐに消費する傾向がある（Steele *et al.* 2006）．野外の餌を食べた経験がない飼育個体でも，野外の個体と同じように，アカガシグループを優先的に貯食に回し，シラカシグループをすぐに食べることから，2タイプのドングリを貯食するか否かについての判断には遺伝的な基礎があると考えられている．

そもそも，シラカシグループが秋のうちに発根する原因の1つは，ハイイロリスをはじめ，貯食型散布動物からの捕食を回避するための適応とも考えられている．つまり，ドングリが落ちてすぐ，種子は動物によって運搬され，貯食されるが，そのままドングリでいれば，いずれ回収されて食べられてしまう．早いうちに発根してしまえば，捕食される前に成長できるというわけである．

ところが，さらにおもしろいことに，ハイイロリスは，このシラカシグループのドングリの胚を食いちぎり，発根しないように処理をしてから貯食する行動をとる（Steele *et al.* 2006）．このような胚芽を摘出する行動は，飼育下の個体や，野外でも若い個体では適切に行われないことがある．したがって，この行動には学習過程が必要であるらしい．こうした巧妙なハイイロリスの行動に対して，さらに驚くべき進化が誘発される．シラカシグループのいくつかの種では，ドングリに複数の胚軸をもち，そのうちのどの1つから

でも正常に発芽する（McEuen and Steele 2005）．つまり，リスが胚芽を摘出したつもりでも，ほかの胚芽が残っていて，無事に発芽のチャンスをむかえるということである．ドングリの形質がリスの行動に影響し，さらにそれがまたドングリの形質に新たな進化をもたらすという，共進化における軍拡競争の一例である．

（2）ドングリ嫌いなニホンリス

アメリカ大陸のハイイロリスやキツネリス（*Sciurus niger*）は，クルミよりもドングリを好む（Smith and Follmer 1972）．日本のリスはドングリを好んで食べるのだろうか．じつは，ニホンリスを観察していて，コナラやクヌギ，ましてやもっと渋いアラカシやシラカシのドングリを食べている姿をみたことがない．東京都西部の高尾山近辺にはたくさんのドングリのなる木がある．これを餌にすれば，どれほど食べものに困らないだろうか．でも，意外とニホンリスがドングリを食べるところが観察されない．4-5年に一度しか実らないブナやイヌブナの実を食べている姿を観察することもあるし，渋くないスダジイの実やクリを食べている姿を目撃することはあるのだが，あり余るほどあるコナラのドングリは，もっぱらカケスやアカネズミが運んでいくばかりである．長野県軽井沢でニホンリスの食性を調べた研究結果をみてみると，やはり*Quercus*属のドングリは採食頻度で全体の0.3%しか利用されていない（Kato 1985）．千葉県野田市にある清水公園での調査でも，コナラは自然の採食物のうち，わずか1.2%を占める程度であった（矢竹ほか1999）．リスといえば，ドングリを食べているイメージをみんなもっているし，そうした絵をよくみかけるが，日本ではそのような行動はあまり一般的でないのだろうか．

実際にニホンリスがコナラやクヌギなどのドングリを餌として利用しないのかどうか，カフェテリア実験を行ってみることにした．カフェテリア実験というのは，好きな食べものを好きなだけもっていく形式をとっているカフェのスタイルを真似し，野外の給餌台上にいくつかの食べものを与え，好きなだけ動物にとらせるという実験を行うことである．高尾の多摩森林科学園の森林に給餌台をつくり，あらかじめ好物のオニグルミで餌付けしておく．給餌台はオニグルミの木の下，高さ1.5 mの位置にセットしてあり，普段か

らニホンリスが利用していることがわかっている．給餌台の前にビデオカメラを設置し，食べにくる動物の行動を記録した（Tamura et al. 2005）．この給餌台で選択実験を行ったのは，多摩森林科学園で結実した以下12種の種子である．オニグルミ，トチ，クリ，マテバシイ，スダジイ，コナラ，クヌギ，アラカシ，シラカシ，イチョウ，ヤブツバキ，カヤ．毎回このうちの6種，それぞれの種について5粒ずつ，つまり30個の種子を給餌台に設置する．そして，設置後4日間に食べられた数をカウントした．種の組み合わせを変えて，5-7日間おきで合計16回にわたって調査を行った．つまり，全期間で各種について40個ずつ，合計480個の種子を提示したことになる．

その結果，リスがもっとも多くもち去った種はオニグルミで28個，つぎがクリで22個，カヤが16個と続く．しかし，トチ，コナラ，イチョウ，ヤブツバキ，シラカシ，アラカシにはまったく手を付けなかった．クヌギ，マテバシイ，スダジイはそれぞれ数個もち去った．つまり，野外での観察と同様，コナラやカシ類のドングリを餌として選択しないことが確かめられた（図5.20）．

同様の実験を，同じ森林に生息する種子食者であるアカネズミ（*Apodemus speciosus*）に対して行ってみた（Tamura et al. 2005）．前の実験では，給餌台はネズミ返しの構造をしているので，アカネズミが餌をもっていくことはできなかった．今度はリスがもっていかず，アカネズミだけがもっていけるような給餌箱を利用した（図5.21）．この箱は10 cm×15 cm×20 cmの大きさで，一面はアカネズミだけが侵入できる網の目構造をしている．大き

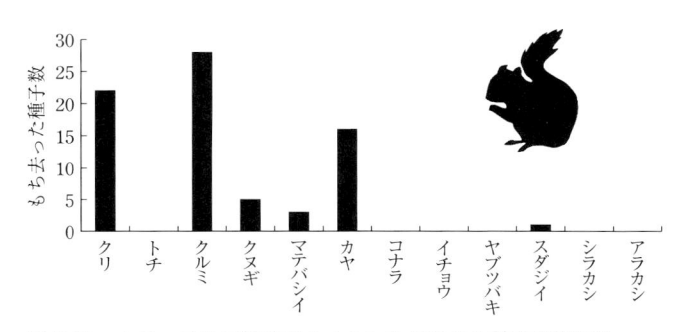

図 5.20　カフェテリア実験でのニホンリスによる種子選択結果．

いリスは入れず，アカネズミだけがなかの種子をもち去ることができるというものである．この給餌箱を林内の5カ所に設置し，1つの給餌箱には先ほど同様，合計30個の種子（6種を5粒ずつ）を置いた．設置後2日間，自動撮影カメラによって，箱に出入りしている動物がアカネズミであるかどうか確認しつつ，もち去った種子をカウントした．これを各給餌箱で8回，合計で40回試行し，各種につき100個，合計で1200個の種子について，もち去り状況を調査した．その結果，ニホンリスのときとは異なり，すべての種の種子を高い頻度でもち去ることがわかった．最低のシラカシでも41%，

図 5.21 アカネズミ用の給餌箱．
中央に種子をとりにきたアカネズミ (*Apodemus speciosus*) がみえる．

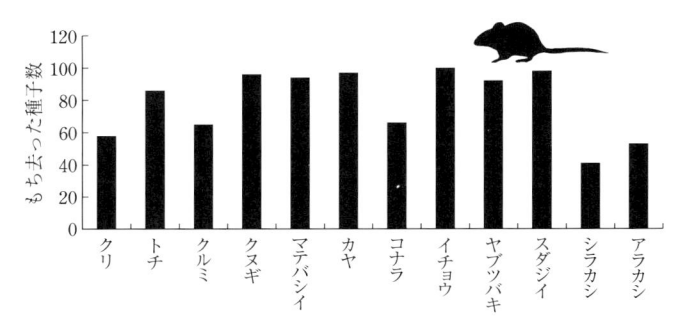

図 5.22 カフェテリア実験でのアカネズミによる種子選択結果．

最高のイチョウで 100% のもち去り率であった（図 5.22）．

アカネズミはニホンリスと異なり，幅広い種類の種子を餌として利用する可能性が示された．また，オニグルミ，トチ，クリなどの大型種子のもち去り率は，カヤ，マテバシイ，クヌギ，コナラなどの中型種子に比べてむしろ低い割合になっている．小さなアカネズミが大きな種子を運ぶためには高い運搬コストが予想される．種子サイズも種子選択にかかわっている可能性がある．

（3） タンニンへの生理的適応

ちょうどそのころ，ドングリとアカネズミとのかかわりについての興味深い研究が，森林総合研究所の島田卓哉さんらによって発表された．アカネズミがコナラやミズナラなどのドングリを自然環境下で好んで利用することはよく知られていた．しかし，野外で捕獲したアカネズミをマウス飼料で飼育したコントロール群，コナラだけを給餌したコナラ給餌群，ミズナラだけを給餌したミズナラ給餌群の 3 グループに分けて飼育すると，コントロール群では体重を維持しているのに対して，コナラやミズナラ給餌群のアカネズミは日を追うごとに体重が減少し，ミズナラ群では半数以上死亡するという結果になってしまった（Shimada and Saitoh 2003）．つまり，アカネズミにとってドングリは必ずしも「よい餌」であるとばかりはいえないことが判明したのである．その原因として，ドングリに含まれるタンニンが問題であると考えられている．タンニンはタンパク質と結合し，体外へ排出させる働きをもつため，ドングリを多量に摂取することで，著しく窒素消化率を低下させてしまうのである．コナラと同じ栄養成分をもち，タンニンだけを含まない配合飼料を給餌したところ，体重減少も死亡も起こらなかったことから，コナラやミズナラの栄養が問題ではなく，タンニンを含むことの問題であることが確かめられている．でも，実際には，秋になるとアカネズミは多量のコナラやミズナラのドングリを餌として利用している．アカネズミがタンニンを含むドングリを利用するために，なにがしかの生理的馴化の過程が存在すると考えられた．

アカネズミが備えている生理的適応の 1 つは，タンニン結合性唾液タンパク質（PRPs）というもので，口のなかで食物中のタンニンと結合して，安

定な複合体を形成する．それによって，生体内でのタンニンによる悪影響を阻害することができるのである．もう1つの生理的適応はタンナーゼ産生腸内細菌である．これはタンニンとタンパク質との結合を腸内細菌によって分解し，再利用可能なかたちに変える働きをする．実際にアカネズミにおいて，馴化の過程を経験させた後，コナラのドングリを与えたところ，体重は一定あるいは増加という傾向がみられた．また，体重増加はPRPsおよびタンナーゼ産生腸内細菌の増加と相関していたことから，コナラを餌として利用していくうえで，こうした生理的適応が重要であることが明らかになった（島田 2009）．

ニホンリスはコナラなどの渋いドングリをほとんど食べなかった．これは，もしかしたら，こうしたタンニンへの生理的適応機構が備わっていないからなのかもしれないと思った．でも，同じリスでも，アメリカに生息するリスはドングリを好んで食べる．それでは，アメリカ大陸のハイイロリスやキツネリスはタンニンへの生理的適応機構があるということなのだろうか．ここで，また興味深い事実が島田さんらによって発表された．アメリカでこれまで研究されてきたドングリは，その栄養分やタンニンの量から2タイプに分けられていたのだが，日本のコナラやミズナラはこのどちらにも含まれない別の範疇であることが明らかになった（Shimada and Saitoh 2006）．つまり，1つめのグループは，高いタンニン含有率と高いタンパク質／脂肪分をもつタイプで，アメリカのアカガシグループである．2つめのグループは，低いタンニン含有率と低いタンパク質／脂肪分をもつアメリカのシラカシグループである．そして，3つめの新しいグループは，高いタンニン含有率と低いタンパク質／脂肪分をもつ日本のコナラ，ミズナラ，カシ類である．動物が餌として利用する場合，どう考えても，これら3つのなかでは，最後のグループがもっとも魅力のない餌となるだろう．つまり，ニホンリスが日本でドングリを利用しないのは，そもそもドングリを餌として考えたとき，その価値がとても低いからであると考えられる．

（4）ドングリを食べるリスと食べないリス

しかし，餌としての価値というのは相対的なものである．タンニン含有量が異なる人工餌をハイイロリスに給餌した実験では，満腹のときはタンニン

の多い餌を避けるが，空腹の度合いが増すとタンニンの多い餌も食べ始めることが知られている（Smallwood and Peters 1986）. タンニンも含まず，脂肪分が多いオニグルミがある条件ならば，コナラやミズナラのドングリは選択されないだろう. けれども，オニグルミがほとんどない環境だったらどうだろうか.

そこで，オニグルミが自生せず，それゆえオニグルミをじょうずに食べることができなかった富士山個体群で，今度はドングリ食について調べてみることにした. 高尾山の混交林と富士山のアカマツ・ミズナラ混交林それぞれに，給餌台を10カ所ずつ設置した. 給餌台は枝に垂直に置き，サルが手を突っ込むことができないように，入口は狭い角度で開口させた. また，鳥類がもち去ることを避けるため，カゴの奥に餌を入れた. さらにアカネズミやヒメネズミが登攀しにくい太いまっすぐな木を選び，ネズミ返しを付けた. こうして，ニホンリスのみが入れるような給餌装置を設置し，事前にオニグルミあるいはアカマツ球果によって餌付けしておいた. 実験では，ニホンリスが食物として好んで利用する4種，アカマツ球果，オニグルミ種子，コナラ種子，ミズナラ種子を用いた. 実験に用いたアカマツとオニグルミは−20℃の冷凍庫で2カ月間保存し，あらかじめ発芽しないように処理した. また，コナラとミズナラについては冷凍してしまうと餌としての質が低下するため，ドングリの先端付近にある芽の部分を切除してから提示した. こうすることにより，リスが貯食してしまった場合にも，そこで発芽することはない. 森林内の樹種構成に対して，実験の影響を残さないようにできる限り配慮した.

4種の種子をそれぞれ10個ずつ給餌台にセットして，6日後にその残りの数を調べた. また，その状況を自動撮影カメラで記録し，リスがもち去っているかどうか確認した（図5.23）. その結果，富士山のニホンリスはアカマツやオニグルミだけではなく，コナラやミズナラの種子をほとんどもち去ることがわかったのである. 高尾個体群では，コナラで31%，ミズナラで15%のみが利用されただけであったが，富士山の個体群ではコナラを94%，ミズナラを92%も利用した（図5.24，図5.25）. 調査地域によるドングリ利用率の違いは，それぞれの地域の植生の違いにかかわっている可能性がある. 高尾の調査地付近には，ミズナラは生育しない. またコナラは生育する

図 5.23 ニホンリス用の給餌台.
ニホンリス（*Sciurus lis*）が種子をとりにきている.

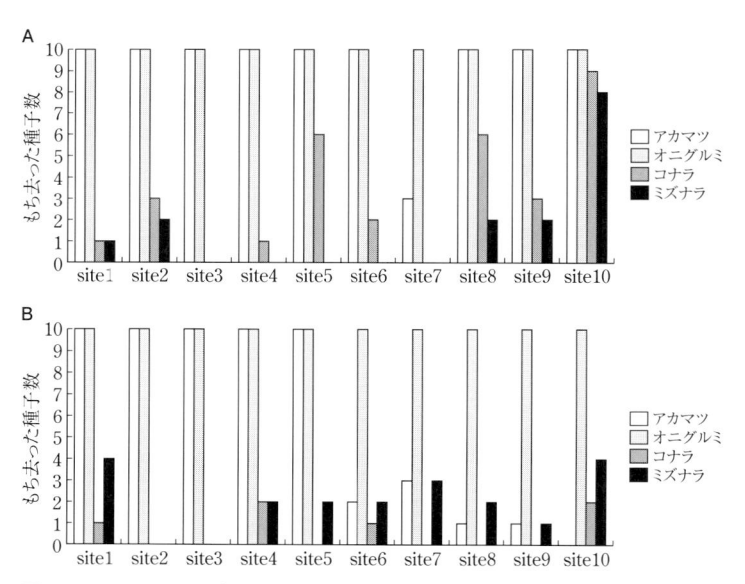

図 5.24 ニホンリス高尾個体群の種子選択実験.
A：2008 年 11 月の結果，B：2010 年 1 月の結果.

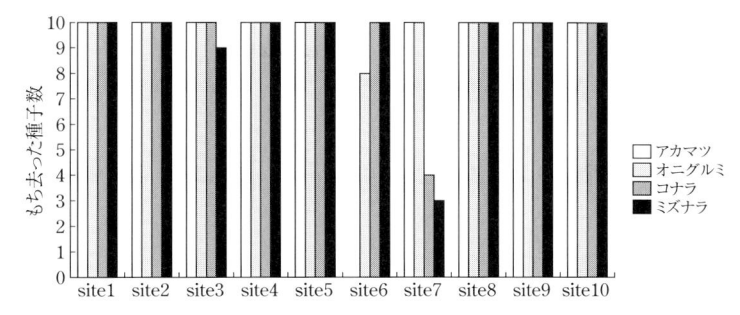

図 5.25　ニホンリス富士個体群の種子選択実験．2008 年 11 月の結果．

が，それ以外の樹種も多く，オニグルミも利用可能である．富士山の調査地には，アカマツが優占し，中層木としてミズナラが占める割合が高い．したがって，富士山の調査地では，ミズナラを餌として利用する必要があるということなのかもしれない．実際に，富士山の調査地では，秋から冬にかけて，林床にミズナラの食痕が多数落ちているのである．

しかし，富士山では餌環境が厳しいから，なんでも食べる結果となっているようにもみえる．上記の給餌実験は，種子が野外で利用できる 11 月に行ったものであるが，もっと餌の少ない冬に行ったら，高尾個体群でもドングリを食べるかもしれない．そこで，2010 年 2 月に，高尾において同じ場所で同じ実験を繰り返した．しかし，その結果はやはり，コナラのもち去り率 6%，ミズナラのもち去り率 20% となり，変化はみられなかった（図 5.24）．つまり，餌が不足する冬になってもなお，高尾のニホンリスはドングリをほとんど利用しようとしない．富士山で高い確率でドングリをもち去ることから，ニホンリスにおいても，ドングリを利用するための適応がアカネズミのように獲得されている可能性もある（図 5.25）．それがアカネズミのように馴化によって引き起こされるのであるとしたら，普段ドングリの利用頻度が高い富士山個体群では，その適応能力を得ているが，利用頻度が低い高尾個体群では，そうした適応ができていないのかもしれない．ドングリ食の地域差を説明する生理的適応機構については，今後の課題である．

第6章　保全生態
──リスと生息環境

6.1　森林の分断化

（1）断片緑地での分布調査

　環境問題が世界的に話題にのぼることが多くなった1990年代，生態学のなかでもとくに保全生態学的な研究論文がめだつようになった．そのなかでも，人間生活によって，生きものの生息環境が分断され，その結果，ある種の生物の地域個体群が絶滅する現象が多く報告されるようになった．同じような分断化であっても，その反応は生物の種によって異なる．一般的に，移動力が乏しく，増殖力が低く，特定の環境を特異的に利用するような生態的性質をもった種は，生息地の分断化の影響を受けやすいといわれている．樹上性リス類についても，1990年代に生息地の分断化について，いくつかの研究事例が報告された．樹上性リス類は，もともと森林を生活の場としているため，森林が道路，農地，宅地などに転用された場合，生息地が消失したり分断されることになる．森林の分断化は，その状況がわかりやすいため，森林性のリス類では比較的多くの研究が行われた．

　アメリカアカリス（*Tamiasciurus hudsonicus*）やキツネリス（*Sciurus niger*）など，樹上性リス類のなかでも，地上を利用することが多い種では，分断化された緑地の間を簡単に移動するため，その影響は明確にならなかった（Swihart and Nupp 1998）．一方，樹上を移動する傾向が強いキタリス（*Sciurus vulgaris*）やハイイロリス（*Sciurus carolinensis*）については，小さい面積の緑地や，周囲の緑地から距離が離れて孤立した緑地では，リスが生息しない傾向があることが明らかになった（VerBoom and van Apeldoorn

1990).たんに緑地面積ではなく,リスにとって好適な環境の占める面積が大きいほど生息する確率が上がるという事例も知られている（Delin and Andren 1999）.つまり,森林が分断されることは,一般的には樹上性リス類の生息に対して負の影響を与えるが,種や環境によって,どのような要因がどれほどの影響を与えるかについては違いがある.

比較的大きな行動圏を必要とする傾向があるニホンリス（*Sciurus lis*）は,当然,小さな緑地では生活できない.一般的に,市街地や農地など,人間の利用によって開発された地域では,緑地は細かく分断され,たがいに孤立した小さな面積となって残っていることが多い.こうした地域ではまた,植生環境はすでに人為的に改変され,ニホンリスが好むような常緑樹を含んだ混交林がある場所は少ない.多くはスギやヒノキなどの造林地であったり,公園のような疎林や放置された藪となっている.ニホンリスが好む,面積が広くて,常緑樹が混在して,多様な樹種からなる林とは,まったくかけ離れた環境になってしまっている.したがって,人間活動とニホンリスの生息とは相容れない状況であることは容易に想像がつく.

私が住んでいる東京都西部の高尾界隈も,近年急激にベッドタウンとしての開発が進み,緑地の環境が急変した地域の1つである.明治30年ごろの地図では,高尾山から東に一つながりの山林が残っていた.しかし,1970年代以降,中央高速,国道など道路建設がさかんになり,森林が縦横無尽に切り裂かれていった.多摩ニュータウンなど,多摩丘陵の開発が始まったのもこのころである（図6.1）.こうした森林環境の変化によって,ニホンリスの分布がどのように後退していったのかを調べてみることにした.そうすることによって,ニホンリスが必要とする生息環境を逆に知ることができると思ったからである.高尾山から東に10 km,多摩川と相模川にはさまれた区域に残っている断片緑地は全部で76カ所あった.1 ha以下の小さすぎる緑地は,調査対象から外した.調査した緑地の大きさは,最小2.6 ha,最大449 haであった.私は,このころ自分自身が子育てで忙しい最中だった.妊娠中や産後しばらくは,遠出はできないし,早朝からの調査は最低限に絞らざるをえない.住まいも職場もある高尾近辺でできる調査は,このようなことしかなかったのも事実である.そのころ,当時筑波大学の大学院生であった片岡友美さんが,このテーマを修士論文の課題とした.1996-1997年に

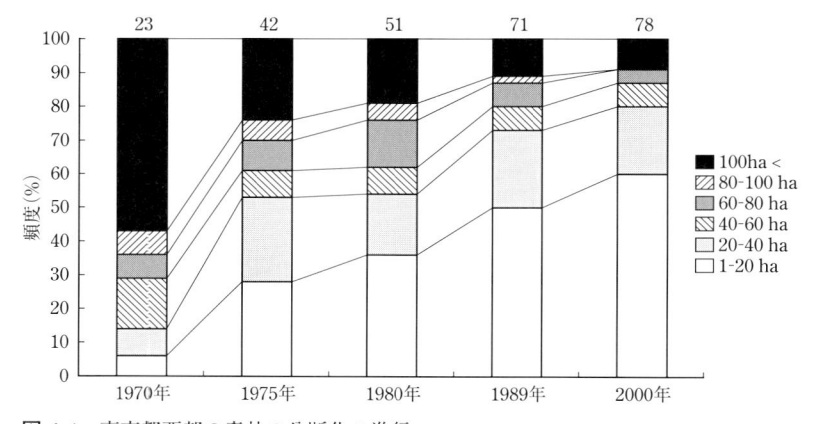

図 6.1 東京都西部の森林の分断化の進行.
グラフ上の数字は孤立林分の数.それらの面積内訳を頻度で示した.小さな面積の林分が急速に増えている.

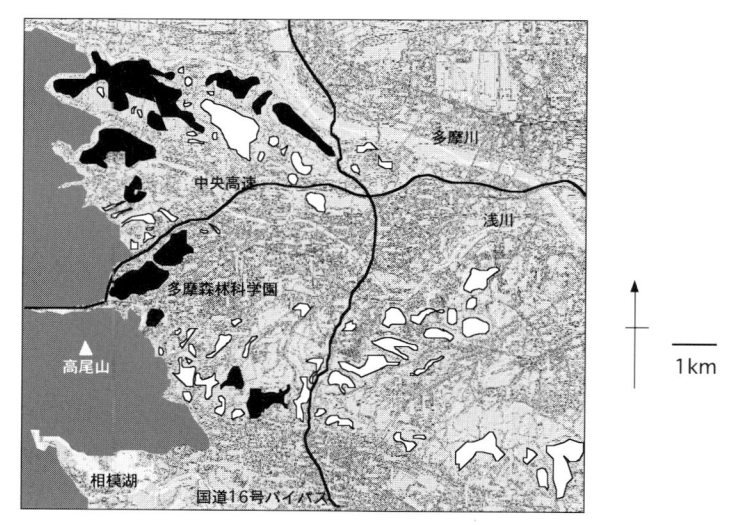

図 6.2 1996-1997 年における孤立緑地でのニホンリスの生息状況.
黒塗りの林分ではニホンリスの生息痕跡が認められた.白塗りの林分ではニホンリスの生息痕跡が認められなかった.西側の連続山塊に近い大きな緑地でニホンリスが生息する傾向がみられた.

かけての現地調査の結果，76 カ所の緑地のうち 12 カ所でリスの生息痕跡をみつけることができた（図 6.2）．このうち，3 カ所は直接観察によってリスを確認したが，残り 9 カ所は，リス特有のアカマツやオニグルミの食痕から，その生息を確認した．

（2）生息にかかわる要因

　生息痕跡があった緑地と，生息痕跡が認められなかった緑地の環境を比較してみて，どのような環境がリスの生息に不適切なのかを解析した．まず，調査地中央を縦断する大きな国道がリスの移動分散のもっとも重大な障害になっていると考えた．なぜかといえば，国道よりも東側では，リスが生息する緑地が 1 つもなかったからである．国道より山側（西側緑地）53 カ所と国道より都心側（東側緑地）23 カ所の環境を比較してみることにした．東側緑地と西側緑地で，緑地の全面積，リスが好きなマツ，クルミ，混交林など好適植生面積，もっとも近い緑地への距離，もっとも近い 20 ha 以上の緑地への距離をそれぞれ比較してみた．しかし，どれも統計的には有意な差がない．つまり，都心側に位置する孤立緑地でリスが生息しないのは，緑地そのものの環境が悪いためではない．大きな国道が移動分散の妨げになっている可能性があるということである．つぎに，国道よりも山側にある 53 カ所のなかで，リスの痕跡があった緑地となかった緑地で比較してみると，緑地面積および常緑広葉樹林の面積にそれぞれ有意な差がみられた．つまり，リスは，より大きな面積の緑地に生息する傾向があり，さらに，かれらにとって好適な常緑広葉樹林の面積が多い緑地に生息する傾向があった（Kataoka and Tamura 2005）．

　リスが生息していたもっとも小さな森林サイズは約 20 ha であった．しかし，意外なことに，緑地どうしの距離は生息に影響をおよぼしているという結果にはならなかった．樹上移動を行い，森林から開けた環境へ出てくるのを極端に恐れるニホンリスにとって，緑地間の距離が離れるほど，移動が制限され，生息しなくなる可能性が高いのではないかと考えていた．結果はそうではなかったのである．一方，大きな国道よりも東側の緑地にはリスが生息していなかったことから，リスの分布が緑地間の距離と無関係であるとは考えにくい．おそらく，緑地面積や好む植生タイプの面積などの要因は，リ

スが生息するかどうかに直接利いてくるため，比較的短期間に影響が顕在化するのであろう．それに対し，緑地間距離のような要因は，個体の移動分散のしやすさに影響するため，次世代の存続の可能性に利いてくる．したがって，比較的長い時間スケールの影響として現れる可能性がある．

　その後，東京都西部と同じような状況は，茨城県水戸市周辺の孤立緑地帯でも調査された．水戸では，88カ所の孤立林のうち，半数近い39カ所にリスが生息しており，連続山塊から孤立林までの距離や面積がリスの生息に影響をおよぼしていることが示された（金澤 2002）．ニホンリスでも，海外の樹上性リス類と同じように，森林の断片化によって生息が制限されることは事実であり，それが地域的絶滅へつながる可能性もありえることがわかった．

（3）孤立化の影響

　上で調査した孤立緑地の1カ所は，私の職場である多摩森林科学園を含む緑地（以下，科学園）である．科学園の緑地では継続して個体群調査を行っていたので，この孤立した緑地のなかで，ニホンリスがどのように生き続けているのかをみてみることにしよう．捕獲個体は，識別用の首輪を装着するのと同時に，耳介の皮膚組織を少量採取してDNA解析用のサンプルとした．この皮膚サンプルから，個体ごとにミトコンドリアDNAのコントロール領域多型を検出した．ミトコンドリアDNAは，母親から子どもへそのまま遺伝するため，母系関係を判断することができる．同じことを，隣接した高尾山においても行い，孤立した小さな緑地と，連続した山塊とで，ニホンリスの個体群構成を比較した（Tamura and Hayashi 2007）．

　1999年から2004年までの5年間に，高尾山では42個体/43 ha，孤立した科学園では27個体/60 haが捕獲された．DNAの多型は高尾山では8タイプ，科学園では5タイプ確認され，このうち4タイプは両地区で共通するタイプであった．どちらの地区でもタイプAがもっとも多く，高尾山では36％，科学園では59％を占めた．遺伝的な多様度は高尾山で0.789，科学園で0.624となり，連続した山塊である高尾山のほうが，孤立林の科学園よりも高い値を示した．

　2-3カ月ごとの捕獲調査で，それぞれの地区に生息する個体の定着期間やその母系関係を追跡してみると，図6.3，図6.4のようになる．高尾山では

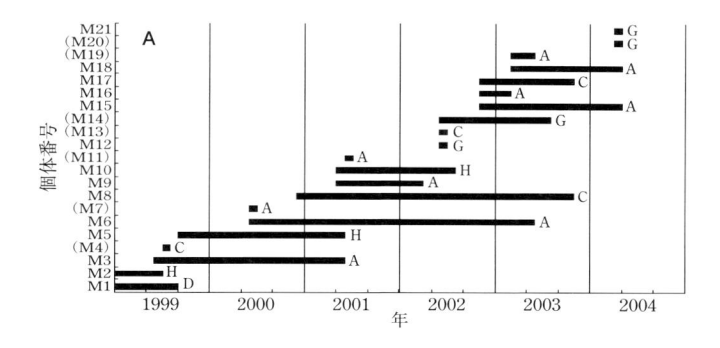

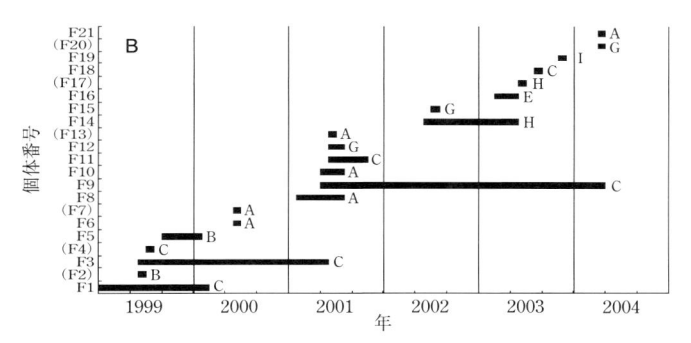

図 6.3 連続した山塊（高尾山）におけるニホンリスの遺伝構成．横棒で示した期間，調査地に滞在していた．アルファベットはミトコンドリア DNA コントロール領域にみられる多型のタイプを示す．A：オス 21 個体．カッコは未成熟個体を示す．B：メス 21 個体．カッコは未成熟個体を示す．

1999 年に 5 タイプ，2000 年から 2002 年までそれぞれ 4 タイプ，2003 年に 6 タイプの多型がみられた．一方，科学園ではどの年にも 2 タイプまたは 3 タイプで，母系の数が少ない傾向があった．とくに，メスにおいて，科学園ではほとんど 1 家系で形成されていることがあり，周囲からの移入が強く制限されていることがわかる．大きな山塊と隣接していても，道路や宅地で隔てられた人為環境をリスが分散する頻度は，連続した生息環境に比べてかなり低いということが明らかになった．こうした道路を何本も渡らなければならない市街地のなかの孤立緑地では，リスの移動分散はかなりむずかしいはず

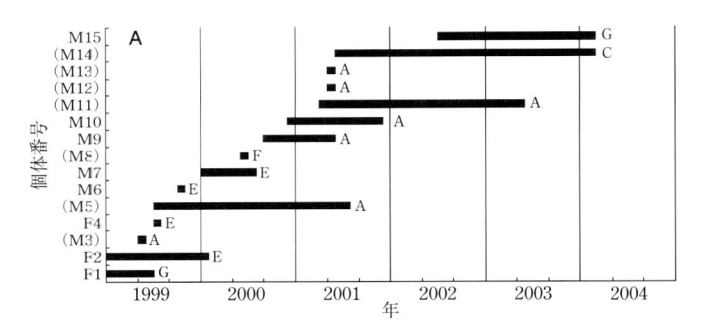

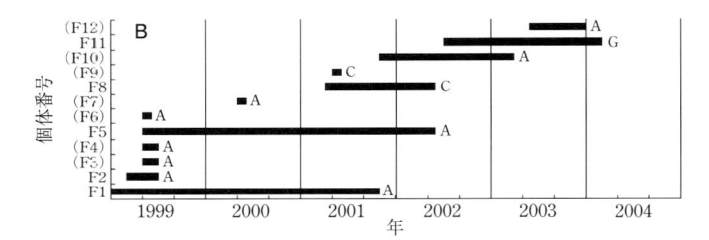

図 6.4 孤立した森林（多摩森林科学園）におけるニホンリスの遺伝構成．
横棒で示した期間，調査地に滞在していた．アルファベットはミトコンドリア DNA コントロール領域にみられる多型のタイプを示す．A：オス 15 個体．カッコは未成熟個体を示す，B：メス 12 個体．カッコは未成熟個体を示す．

である．

（4）10 年後の分布

最初の分布調査から 10 年後の 2006 年，再度，同じ調査地でニホンリスの生息状況を調べることにした（林 2006）．この間に大規模な道路建設や宅地開発は行われず，緑地面積の大幅な変化はなかった．しかし，林内を歩き，10 年前と明らかに変化したことがあった．ニホンリスの好物であるアカマツの木が枯れてしまったのである．おそらく，マツ材線虫病によるマツ枯れ被害であろう．リスに特徴的なアカマツの食痕を探しにくくなってしまった．そのうえ，ニホンリスの天敵であるオオタカ（*Accipiter gentilis*）が 1990 年

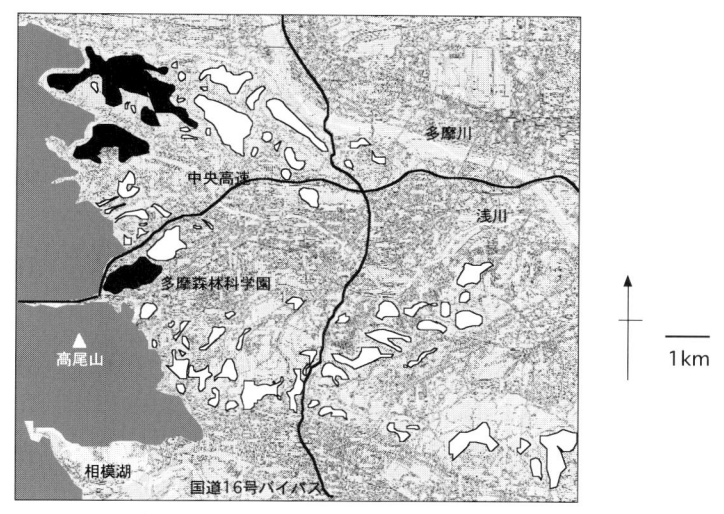

図 6.5　2006年における孤立緑地でのニホンリスの生息状況．黒塗りの林分ではニホンリスの生息痕跡が認められた．白塗りの林分ではニホンリスの生息痕跡が認められなかった．わずか3カ所でしか生息が確認できなかった．

代の後半から高尾付近では多く確認されるようになってきた．ここ10年間で，東京都西部のリスを取り巻く環境はかなり厳しくなってきたと考えられる．そこで，かつてリスの生息が確認された12カ所をくまなく歩いてみた．その結果，ニホンリスが生息する緑地は，わずか3カ所だけとなっていた（図6.5）．ニホンリスがかろうじて残っていた緑地は，いずれも高尾山の山塊に道路1つはさんで隣接する立地であり，しかも森林面積が70 ha以上の大きなものばかりであった．この70 haの孤立緑地というのは，前に述べた科学園とその周囲を含む緑地のことである．

　保全生態学では，どれだけの環境を守れば，動物の存続を保証できるかということから，最小要求面積（MAR；minimum area requirement）や最小存続可能個体数（MVP；minimum viable population）などという用語を使うことがある．それらを厳密に算出することは，ほとんど不可能であるとさえいわれることもある．実際，孤立緑地でリスがたまたま生息していることが確認されたとしても，その面積で生息可能であると結論することはできな

い．今回の結果では，最小緑地面積としては 20 ha の孤立林にリスが生息していることが確認され，また 70 ha の孤立林では少なくとも 10 年間存続することが確認された．70 ha の孤立林では，低頻度ではあるが，隣接する山塊からの移入が続いているという状況下であることも確認された．この程度の移入頻度で，今後も存続し続けられるかどうかはわからないし，完全に移入がない条件だとしたら，どれだけの面積が必要かもわかっていない．

一方，新潟県の当間高原では，14 ha 以下の小さな孤立緑地を，転々と利用しながら行動圏をかまえるニホンリスの生態も報告されている（Yatake et al. 2005）．当間高原では，0.1 ha ほどの小さな緑地でも，リスの生息が確認されることがある．車道を横断する際には，確かに轢死事例はあったが，草地で隔てられた孤立緑地間の移動は，樹上性のニホンリスにとってもさほど障害になっていないのかもしれない．市街地とは異なる閑静な環境をマトリクスとした場合，森林の分断化はあまり問題にはならないのであろう．各地域の孤立緑地でリスの生息の有無と緑地環境とのかかわりを解析することも，データを集積するという意味では重要である．しかし，孤立林 1 個の大きさや隔離距離を数値で議論するよりも，もっと大きなスケール，たとえばいくつかの孤立緑地と連続林，それらの間に介在するマトリクスを含めたメタ個体群として，リスの生息実態を検討することが重要ということだろう．

6.2 マツ枯れの影響

（1）マツ枯れ

ニホンリスにとって，オニグルミとともに重要な餌となっているのがマツ類である．長野県軽井沢で行われた調査によると，699 回の採食行動観察のうち，35% がアカマツ（*Pinus densiflora*）やカラマツ（*Larix leptolepsis*）の種子であった（Kato 1985）．また，千葉県野田市で直接観察によって調査した 1090 回のニホンリスの採食行動のうち，約 40% がマツ類の種子であった（矢竹ほか 1999）．つまり，アカマツなどの種子が餌として好まれていることがわかる．餌ばかりではなく，常緑の高木となるアカマツは，巣場所としても好んで利用される．千葉県では，1970 年ごろからマツ枯れが起きて，

6.2 マツ枯れの影響

マツ林がいっせいに被害を受けた．そのため，ニホンリスの生息地がかなり減少していることが報告されている（矢竹ほか 2005）．私が調査をしていた高尾界隈でも，1990年代後半から2000年代前半にかけて，マツ枯れがめだつようになった．

マツ枯れは，いまからおよそ100年前の明治38年（1905年）に，長崎市周辺ではじめて報告されている．当初，原因不明の現象であったが，現在では，マツノザイセンチュウが原因であることがわかっている．このマツノザイセンチュウはマツノマダラカミキリを宿主としており，カミキリが摂食のために傷つけたマツの樹皮から侵入して，マツの木を枯らす．まず九州各地に被害が出始め，10年後には山陽地方へ飛び火した．1960年ごろには九州，四国，中国，近畿地方に広がり，被害も激化した．しかし，被害木を除去し，焼却する作業を徹底することで，その被害拡大は抑制されているはずであった．その後，エネルギー革命で，薪炭林としてアカマツ林が利用されなくなる時代に入る．放置されたマツ林は，マツノザイセンチュウの蔓延を許し，さらなる被害拡大の時期に入ることになる．現在では，北海道と青森県を除き，全県的に被害がおよんでいる．もちろん，樹木にも寿命があって，時期がくれば枯れることだってある．一方，天然生の森林ならば，構成している樹木の樹齢はまちまちなので，一度に寿命がつきてすべてが枯れてしまうような事態はまず考えられない．森林のなかに枯れた木が数本あるのは，むしろ森林のあるべき自然な姿である．枯れた木が倒れてできた小さなギャップに，新しい植生環境が生まれるという繰り返しがあちらこちらで起こっているのが，健全な森林の更新状態なのである．

マツ枯れが問題なのは，通常，森林の上層を構成しているマツ類が一度に，しかもあっという間に枯れてしまうことである．その後は，屍のように枯れたマツの幹が突っ立っているさんざんな光景になってしまう．天然のマツ林ならば，中層や下層にコナラなどの広葉樹があり，マツ類が枯れてしばらく経つと，こうした広葉樹林に遷移していく．しかし，薪炭林として下層管理をしていたマツ林や，土壌が悪くマツ以外には生えないような環境では，マツ枯れ被害の後，はげ山が累々と続く環境になってしまう．西日本では，古くより山奥まで人間活動がおよび，森林が利用し尽くされている．自然林とよべる地域がほとんどなくなっている．1960年代には，スギやヒノキなど

が占める面積も多かったが，もっとも広い面積を占めたのはアカマツ林であった．このマツが一気に枯れてしまった1970年ごろ，木の生えていない無惨な山が続いていたのであろう．土砂崩れなどの災害も多く，人間にも多大な悪影響はあったと思われる．もちろん，木のない山は生きもののすみかにはならない．多くの野生動物の生息に影響があったことが予想される．しかし，過去に起こった環境変化と，動物の分布しない現状との関係を証明することはむずかしそうである．かりに，マツ枯れによる森林環境の変化によって，ある動物の地域的な絶滅が起こったとしても，直接的な証拠はなかなか得られるものではない．そこで，現在，マツ枯れが進行中の環境で，ニホンリスの生息がどのように影響を受けるものなのか調査してみることにした．

(2) リスの個体数

まずは，アカマツの天然林で，ニホンリスの生態調査をするところから始めた．調査地として選んだのは山梨県の富士山北麓，標高約1020-1070 mに位置する広大なアカマツ林である．上層は樹高20 m程度のアカマツが優占し，下層にはミズナラ，ソヨゴなど多様な植物が認められた．この付近は，もっとも新しい宝永の大噴火（1707年）によって溶岩に覆われた．土壌層が発達していない環境で，ほかの樹種に先立ち，アカマツが先駆的に生育した環境である．しかし，この地域はすべて天然遷移に任されていたわけではなく，放牧や薪炭利用のため，積極的にアカマツを保護してきた歴史的経緯もあるらしい．河口湖フィールドセンターの渡辺通人さんの協力を得て，2002年から2005年にかけて，52 haの捕獲区域でワナを仕掛けた．捕獲した個体には，発信器付きの首輪を装着して行動範囲を調べ，個体の生存期間などを記録した．

行動圏サイズは，春から夏にかけてメスは平均12.4 ha，秋から冬にかけて平均3.9 haであった．オスは春から夏には平均19.1 ha，秋から冬には平均16.4 haであった．行動圏サイズは，オスもメスも，秋から冬には小さく，春から夏には大きくなる傾向がみられた（Kataoka *et al.* 2010；図6.6）．樹上性リス類では，繁殖期に行動圏が拡大することはよく知られている．しかし，餌の季節変化も同時に影響しているようだ．主要な餌であるアカマツ種子が利用可能な秋から冬には狭い行動圏で充分であるが，新芽や花など多様

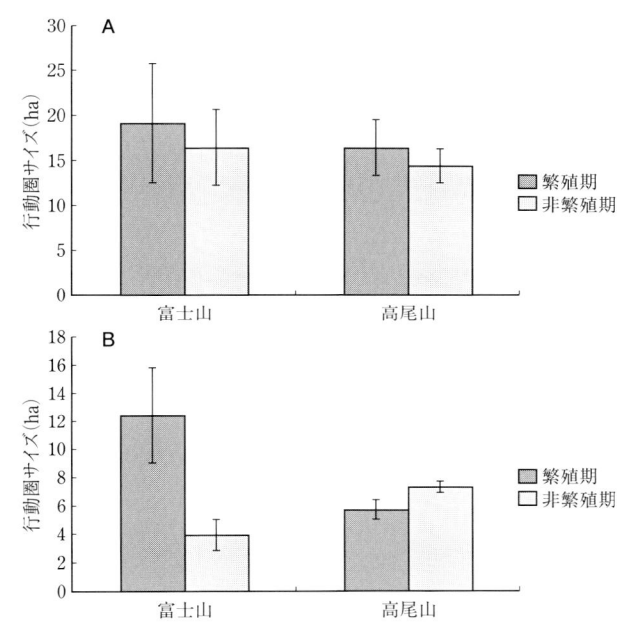

図 **6.6** 東京都高尾山の混交林と山梨県富士山のアカマツ林におけるニホンリスの行動圏サイズ（平均値±SD）．
A：オス，B：メス．

な餌を求めて動き回る春から夏に，行動圏が広がる傾向があるとも考えられる．個体の定住期間はきわめて短く，1年以上定住している個体の割合はメスでは18%，オスではわずか8%であった．これまでに調査してきた高尾のリスの行動圏や定住期間とは大きく異なる．高尾山の混交林でも，1995年から2004年にかけて，43 ha の区域で同様の捕獲調査を継続していたので，それと比較をしてみた．行動圏サイズは，高尾山では，メスが春から夏にかけて平均5.7 ha，秋から冬にかけて平均7.3 ha であった．また，オスは春から夏にかけて平均16.4 ha，秋から冬にかけて平均14.4 ha であった．オスもメスも行動圏サイズの季節変化が少ない．また，定住期間は富士山のアカマツ林での調査よりも長く，1年以上定住するメスは27%，オスは57% となっていた．

アカマツ林の富士山と混交林の高尾山で，リスの行動圏や定住期間がなぜ

違うのだろうか．アカマツ林という環境は，単純で一様な植生環境である．マツの種子を餌とするニホンリスにとってみると，秋から冬には比較的餌環境がよく，そのため行動圏サイズは小さくてすむ．一方で，おそらく捕食圧が高く，個体間の競合も高いため，定住できる期間は意外と短い，不安定な環境であるとも考えられる．アカマツ林はリスにとって好まれる生息環境だが，以上の理由から，移動できる広大で連続性のあるアカマツ林であること，あるいは多様な樹種構成のある森林とのつながりがあることが，安定した個体群維持に必要なのであろう．それに対し，混交林の餌環境は時間的にも空間的にも複雑である．よい餌場を行動圏としてかまえられた個体もいれば，劣悪な餌環境に行動圏をかまえ，大きな範囲を動き回らなければ充分な餌が確保できない個体もいる．当然，定住期間も一様ではないだろう．同種でありながらも植生環境が異なる2地域で，個体群動態が異なっていると考えられた．

　しかし，生息密度は2カ所の調査地で大きくは違わない．定住していた成獣個体数はアカマツ林では7-10個体/52 ha（1 haあたりでは0.13-0.19個体），混交林では7-11個体/43 ha（1 haあたりでは0.16-0.26個体）であった．餌量やその分布というだけでなく，個体間の干渉など社会関係によって生息密度が調節されている可能性がある．ベルギーでも，針葉樹林と落葉広葉樹林とで，キタリスの個体群動態や行動圏利用の違いを研究した事例がある（Wauters and Dhondt 1992）．それによると，ベルギーのキタリスでは，今回の調査結果とは逆に，針葉樹林に比べて広葉樹林のほうで，行動圏サイズの季節変化が大きく，広葉樹林では針葉樹林に比べて平均的に大きな行動圏をもつ．ベルギーの広葉樹林では，針葉樹林に比べて餌量の季節変化が大きく，また餌の絶対量が少ないからである．一方，生息密度については，キタリスでも広葉樹林で0.84-1.16個体/1 ha，針葉樹林で1.01-1.41個体/1 haとなり，植生タイプによる差や年度ごとの差は顕著でない．ニホンリスと同じように，個体間干渉などの社会的な調整機構がかかわって，密度が一定に保たれている可能性が指摘されている（Wauters *et al.* 2004）．

　樹上性リスの種や場所によっては，個体数密度が大きく変動することも知られている．アメリカ大陸のカシ林に生息するハイイロリスでは，秋にドングリが豊作のとき，その翌年には16個体/1 haという高い生息密度になる

が，ドングリが不作で冬の気温が著しく低いときには，その翌春には，2個体/1 ha にまで減少する（Gurnell 1987）．また，スウェーデンのキタリスでは，ノルウェートウヒ（*Picea abies*）の結実量によって，翌年の生息個体数が 15 倍（0.02-0.32 個体/1 ha）も変動することが知られている（Andren and Lemnell 1992）．カナダのアメリカアカリスの個体数は，広い範囲で同調して変動する傾向があり，それはホワイトスプルース（*Picea glauca*）の結実量と正の相関があるらしい．豊作になる年の春先には，アカリスはすでに豊富にある花芽を餌として利用できるので，繁殖率が上がり，秋の結実時に合わせて個体数が増加する（Kemp and Keith 1970）．花芽は前年の夏の雨量が少ないと多くなるため，雨量という気象条件が広範囲で同調することにより，アカリスの個体数も広範囲で同調して変化する傾向があると説明されている．樹上性リス類の個体数密度は，地域によっては結実量や気候条件によって大きく影響を受けることがある．しかし，ニホンリスでは，あまり大きな個体数変動は知られていない．おそらく外部要因だけではなく，社会関係による個体数の制限が大きく関与しているためではないかと思われる．

（3）マツの採食量

富士山麓のアカマツ林で，アカマツの球果をリスがどれだけ利用しているのかを調べることにした．マツ林の林床にコドラート（20 m × 20 m）をつくり，毎月 1 回，そのなかに落下しているニホンリスの食痕を回収する．ニホンリスはアカマツの球果の鱗片を剝ぎ取り，なかに入っている種子を取り出して，さらにその種皮を削って中身を食べる．こうしてニホンリスによって鱗片を剝がされたマツ球果は，色形ともに，ちょうど小さなエビフライのようになる（図 6.7）．そのエビフライの数を数えて，どの時期にマツの球果がよく利用されているのかを調べるのである．単純な研究だが，根気が必要である．2003 年 8 月から 2005 年 8 月まで，当時東京農工大学の修士課程の学生であった相京千香さんがこれを毎月調べることになった．リスの調査をやりたいと思って大学院へきたのに，食べカスばかりしか拝めないのは気の毒であったが，生態調査とは地味なのが現実である．リスは多かれ少なかれ，一年中アカマツの球果を利用していた（図 6.8；田村ほか 2007a）．

アカマツは 2 月に結実した後，球果サイズをしだいに増加させ，8 月には

第 6 章　保全生態——リスと生息環境

図 6.7　エビフライ型をしたニホンリスによるアカマツ（*Pinus densiflora*）球果の食痕.

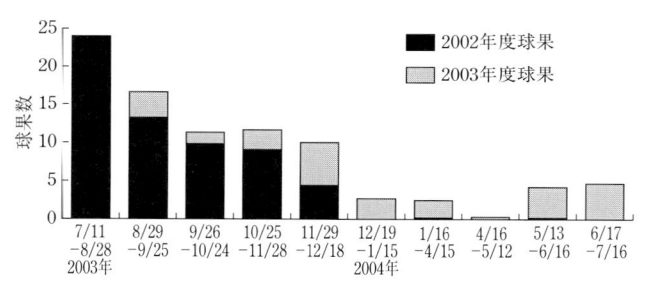

図 6.8　アカマツ球果の食痕落下数の季節変化.

成長が止まる．なかの種子の重量をみてみると，8月から9月にかけて急激に重くなり，9月初旬に成長は止まる．つまり，9月中旬にはすでに種子は成熟した状態であると考えられる．球果はその後，裂開してなかの種子を飛散し始める．このため，樹上に残っている球果に含まれている種子の数は，10月中旬以降急激に減少し，12月初旬にはほとんど残っていない状況になる．つまり，リスがもっとも効率的にアカマツ球果を利用しようとするならば，9月から10月までに球果をもぎ取っておく必要があるわけだ．実際に，リスが球果ごと齧りとって貯食する場面が観察されている．しかし，球果のなかの種子は実際にはすべて飛散せず，残っているものもわずかにある．冬季，樹上に残っている球果をさかんに齧って，わずかな種子をあさるリスも

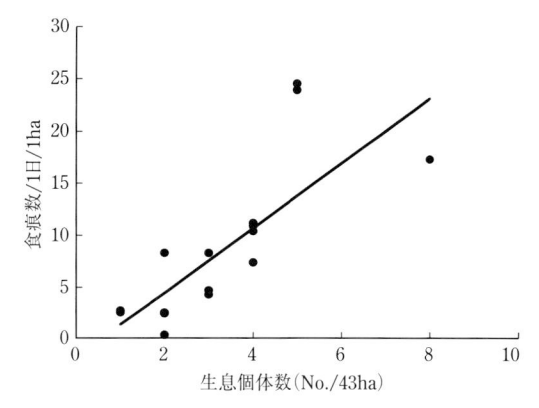

図 6.9 ニホンリス生息個体数と食痕落下数との関係.

みかけた．こうしてリスは通年マツの種子を食べていることになる．

この調査地では，2002年秋と2004年の秋が豊作だった．凶作だった2003年秋には，前年度の球果を12月ごろまで利用していたが，豊作だった翌年秋には，10月までしか前年の球果を利用していなかった．凶作といっても，アカマツはまったく実らないということはなく，球果数が少なめという程度である．それでも，アカマツの種子を主要な餌とするリスにとっては，その変化は大きく響くと考えられる．43 ha の調査地に定住していた成獣の数は，豊作年の翌春，つまり2003年には5個体，2005年には7個体であったのに対して，凶作年の翌春の2004年には2個体と少ない傾向がみられた．落下している球果の食痕数は，したがって，アカマツ球果の豊凶や季節によって変動するものと考えられる．しかし，大雑把にいうと，リスが多いときには食痕数は多い．同じ調査地で，落下していたアカマツ球果の食痕数と，そのときそこに定住していたリスの個体数との関係をみると，正の相関が出る（図6.9）．したがって，落下した食痕の数を数えるという簡単な手段で，そこにいるリスの相対的な数をおおまかに知ることができそうである．

（4）マツ枯れの影響評価

そこで，つぎに，マツ枯れの影響を評価してみることにした．山梨県都留市では，1980年ごろからマツ枯れ被害が報告されるようになった．この調

査は 2005 年から開始したが，すでに多くのアカマツが枯れていた．一方，都留市からわずか 15 km 西南の位置にある山梨県富士河口湖町では，標高が高いためか，マツ枯れ被害が認められない．ちなみに，都留市の標高は 512-846 m，月平均気温は 2.8-26.0℃，河口湖町の標高は 908-1272 m であり，月平均気温は 0.5-23.3℃ である．それぞれの調査地で 30 カ所ずつ，合計 60 カ所のアカマツ林の植生環境調査を行った．同時に，各調査プロット（10 m×10 m）に落下していたニホンリスの食痕もすべて回収し，どれだけニホンリスがそのマツ林を利用しているかの尺度とした．河口湖町の調査地では，100 m^2 あたりに落下していた食痕数は 0 個から 145 個で，平均 14.6 個であったのに対し，都留市のほうでは 0 個から 48 個で，平均 7.3 個であった（田村 2008）．したがって，食痕数から推定すると，都留市のほうが河口湖町よりも，リスの個体数が少ない傾向があることがわかる．

　2 カ所の調査地の植生環境を比較してみると，アカマツの枯損木の割合が河口湖町では 0% であるのに対し，都留市では平均 42%（0-87%）であり，アカマツの本数や胸高断面積合計は，河口湖町に比べて都留市で少なくなっている．また，河口湖町では，樹高 3-10 m の中層木本数や樹種数が多いのに対し，都留市では中層木が少ない．とくにソヨゴなどの中層常緑木本数は，河口湖町と都留市の間で顕著な差がみられた．逆に，3 m 未満の下層木本数は，都留市のほうが河口湖町よりも多い傾向があった．下層木本数は上層のマツが枯損するほど，多くなる傾向がみられた．上層がなくなることで光が入り，急激に下層が繁茂した結果と考えられる．

　河口湖町では，中層の樹種数や常緑木本数が多いほど，そこに落下していたリスの食痕数が多い傾向がみられた．都留市では，枯損木本数が多いほど，食痕数が少ない傾向がみられた．つまり，都留市では，マツ枯れによるマツの木の枯死がリスの生息に影響していることが示されたわけである．しかし，意外なことに，どちらの調査地においても，マツの結実量にかかわると考えられるマツの胸高断面積合計と，リスの食痕数との間には明確な関係が認められなかった．マツの球果の数は，樹高とのかかわりはほとんどなく，樹冠面積が大きく広がるほど多いことが知られている．樹冠面積は大きな木ほど広くなることが予想されるので，測定が困難な樹冠面積のかわりに胸高断面積を指標とすることには，それほど問題はないように思える．たくさん球果

が実っている調査区にリスが多く，その結果，食痕が多いのではないかと考えたが，そのような単純な結果ではなかった．

　河口湖町では，マツとは直接関係がなさそうな，中層木の本数や樹種数の量によって，リスの食痕数が影響されているのである．これはどういうことなのだろうか．1つの可能性としては，多様な餌の供給ということである．リスの1年を通した餌を考えたとき，アカマツをかなり長期間利用できるとしても，やはり，ほかの多様な樹種も必要である．アカマツの下には，コナラやミズナラ，カエデ類，サクラ類，ツノハシバミなど多様な樹種が生育している．こうした樹種を餌として利用することが必要なのであろう．もう1つの可能性は，捕食者からの回避や移動の場として，中層木の環境が重要だということである．調査した多くのアカマツ林では，アカマツの樹冠が広がっていないため，上層が連続的なつながりを形成しないことが多い．したがって，リスは移動ルートとして，連続している中層レベルを利用することになる．中層木が安全な移動を可能とする構造であることが，リスの生息する環境として重要であるのかもしれない．

　リスは貯食や落下種子を探索するために地上に下りて行動することもある．地上を徘徊するキツネやテンなどの捕食者や，上空から襲うタカ類などの捕食者に狙われやすい地上での活動も，中層木（とくに冬にも茂っている常緑木）が多い環境では安全である．逆に，中層木が疎らで下層が繁茂している環境は，貯食など地上での活動が行いにくいと考えられる．つまり，リスはアカマツを主要な餌としているが，マツの結実量だけではなく，1年を通していろいろな餌が得られ，捕食の危険を回避できるようなアカマツ林が好まれている．マツ枯れによって，急激に下層木が繁茂することは，リスにとって好ましくない環境になることを意味する．当然，マツが枯れてしまえば，上層の連続性も欠如してしまう．たとえ，マツ枯れを免れたマツが数本残っていても，そうした環境はリスにとって，もはや利用しにくい環境へと変わってしまっているのではないだろうか．

　樹木の病虫害による枯死が，リスの生息に与える壊滅的な影響については，海外でも大きな問題になっている．とくに近年，よく取り上げられている地球温暖化が，こうした虫害の分布域拡大に拍車をかけていると推測されている．カナダのブリティッシュコロンビア州では，ダグラスモミやロッジポー

ルマツなどに穿孔するキクイムシの一種（*Dendroctonus ponderosae*）が大増殖し，森林を大規模に枯らせてしまった（Aukema *et al.* 2006）．キクイムシは本来，この地域の厳しい寒さで越冬できなかったが，温暖化によって爆発的な被害がもたらされたらしい．2009 年に，国際リス会議がカナダ，ブリティッシュコロンビア州のカムループスで行われた．その機会に，極地の森林が大規模に枯死している惨状をこの目でみることができた．降水量も少なく，枯れた跡は，まさに荒野の状態であった．ブリティッシュコロンビア州では，この被害により，日本の国土と同じ面積の森林がすでに消失したという．森林が大規模に消失していくなか，そこに生息していたアメリカアカリス，キマツシマリス（*Tamias amoenus*）などのリス類をはじめ，多くの動物の生息が危機的状況になっている．

6.3　地域的絶滅

（1）LP──絶滅の恐れのある地域個体群

　森林の断片化やマツ枯れなど，近年，急激に起こっている森林環境の変化をみてみると，いずれもニホンリスの生息に危機をもたらす要因となっていることがわかってきた．実際に，ニホンリスは全国各地でどのように生きながらえているのだろうか．2002 年に環境省から発行されたレッドデータブックのなかで，「四国を除く，中国地方以西のニホンリス個体群」は絶滅の恐れのある地域個体群（LP; threatened local population）とされた．その実態は，一度，自分自身で確認しておきたいと思っていた．たまたま，鳥取県「倉吉リスの会」の松尾龍平さんと知り合う機会があり，鳥取付近のニホンリスの生息状況を聞くことができた．少なからず生息しているようである．「美味しい料理や温泉もあるから一度おいでなさい」という言葉に誘われて，さっそく，鳥取へ行ってみることにした．案内されて，あちらこちらの山を歩いてみると，オニグルミやアカマツの樹下にリスの食痕をみつけることができる．確かにニホンリスは鳥取県中部の倉吉付近には生息していた．

　レッドデータブック鳥取によると，鳥取県東部で 10 カ所ほどニホンリスの生息が確認されている（鳥取県 2002）．鳥取県の東に位置する兵庫県の報

告では，数は少ないながらも全県で生息が確認されている（三谷 2000）．鳥取県の南に位置する岡山県では，県東部には生息するが，県西部には生息が確認されないことが報告されている（山田 2006）．しかし，島根県，広島県，山口県など，中国地方の西部では，生息調査は行われていない．つまり，中国地方でも東側の地域では，生息地が認められているが，鳥取中部から岡山中部の地域を境に，それよりも西側には生息地がいまのところみつかっていないということであった．

（2）中国地方での分布調査

2005 年から 2007 年にかけて，鳥取県中部以西の中国地方 4 県でリスの分布を調べてみることにした（田村ほか 2007b）．小学生だった 2 人の子どもには，たびたび学校を休ませ，中国地方の調査旅行に付き合わせてしまった．子どもたちは，細かいものをみつけるのがじょうずで，アカマツの木の下に落ちているエビフライ状の食痕探しが得意だ．アカマツが生えるところは急なやせ尾根も多く，ヒヤヒヤすることもあったが，子どもたちはがんばって探し出してくれた．しかし，くねくねの山道をドライブしては，マツ林で止まり，食痕を探していくという毎日の連続で，子どもたちもさすがに飽きてしまったようだ．それでも，約 2 年かけて少しずつ調査を進め，リスが餌場とするアカマツ林とオニグルミ林を合わせて 363 カ所を踏査することができた（図 6.10）．

エビフライ状のマツの食痕は，ニホンリスだけでなく，ムササビ（*Petaurista leucogenys*）のものである可能性もある．ムササビが生息していないとされている鳥取県大山などでは，エビフライ＝ニホンリスの痕跡でよいのだが，それ以外の調査地では，エビフライをみつけたらムササビかニホンリスの痕跡であるとしかいえない．ムササビは地上に下りて食べることはしないため，地上で食べた痕跡が認められたら，それはニホンリスということになる．地上で食べたか，樹上で食べたかを見分ける方法は，アカマツ球果の鱗片がエビフライのそばにまとめて剥ぎ取られている場合が地上食痕，エビフライだけが落ちていて，鱗片があちこちに飛散している場合は樹上食痕と考えられる．しかし，ニホンリスも，樹上で食べることが多いので，地上食痕を探し出すのは容易ではない．また，地上食痕がみつからないからとい

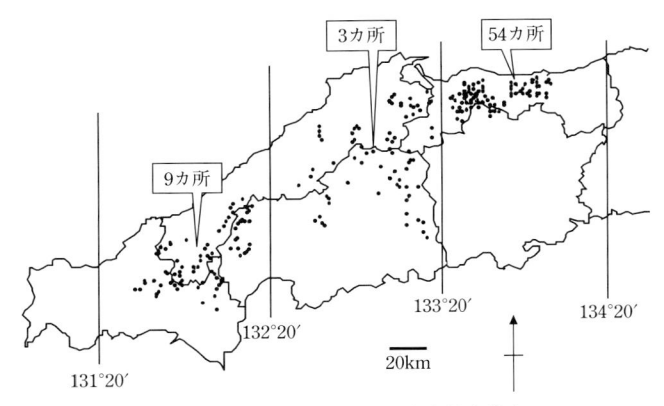

図 6.10 中国地方におけるニホンリスの痕跡調査地点.
黒丸は痕跡調査地点を示す．東経区間ごとにリスの痕跡が確認された地点数を記した．

って，ニホンリスではないとはいえない．

　調査をしていて，さらにもう1つめんどうな存在に気づいた．どうやらアカネズミ（*Apodemus speciosus*）もエビフライをつくることがあるのだ．エビフライだけをどんなに眺めてみても，ニホンリスとアカネズミの差はみつけられない．しかし，剥がされた鱗片をみると，アカネズミのほうは細かくいくつもに裂かれているのに対して（図6.11），ニホンリスでは一度に剥がされている．また，採食場所も，リスは樹上あるいは切り株の上など，比較的小高い場所を選んで食べているのに対して，アカネズミは岩の隙間や，えぐられた根の下など，狭い場所を選ぶ．つまり，エビフライ探しだけではなく，それがあった環境や鱗片の状態なども同時に記録しておく必要があることがしだいにわかってきた．

　最終的に，食痕が確認されたのは全部でわずか66カ所（18%）であった．アカマツ林だけに絞ってみると，281カ所調査したうちの49カ所（17%）でリスのものと思われるエビフライ状の痕跡がみられた．富士山や都留市など山梨県のアカマツ林で同じような痕跡調査をしてみると，76%程度の確率で食痕が発見できる．それに比べると，17%という確率はかなり低い．そのうち，東経133°20′以東では54カ所もニホンリスの痕跡を確認できたが，それより西側の東経132°20′までの範囲ではわずか3カ所しか確認でき

図 6.11 アカネズミによるアカマツ球果の食痕.

なかった．この3カ所の痕跡も地上食痕ではないものもあるため，ムササビかニホンリスかの確認はされていない．さらに西側の東経 131°20′ までの区間では9カ所の痕跡が確認された．これもすべてムササビではないとはいいきれない．鳥取県日野川以東では標高 39 m から 805 m まで，幅広い標高のアカマツ林で生息の痕跡が認められたのに対して，日野川以西では，低い標高では痕跡が認められず，319 m から 787 m にあるアカマツ林でのみ痕跡が得られた．中国地方中西部では低い標高の森林が現在，ニホンリスにとって適した生息環境でないのか，あるいは過去に適していない環境になった時代があった可能性がある．中国地方西部ではニホンリスの分布は明らかに希薄で，もしいたとしてもかなり局所的であることが予想された．

(3) 中国地方のニホンリスの遺伝的多様性

中国地方では，鳥取県中部と岡山県中部を結ぶラインの西側でリスの分布を確認することがむずかしくなっている．さらに興味深いことに，このライン付近のリスの遺伝的多様性がきわめて低くなっている．鳥取県と岡山県のニホンリス 23 個体のミトコンドリア DNA の D-loop 領域とよばれる部分の塩基配列を読み取り，個体ごとに比較した結果，その多型はわずか2タイプしか見出されなかった．一方，先に述べた高尾山の調査地では，これよりはるかに狭い範囲での調査にもかかわらず，42 個体調べて8タイプが得られ

ている．緑地として孤立してしまっている多摩森林科学園でも，27個体調べて5タイプがみつかっている．そのほか，八ヶ岳西部山麓では11個体調べて6タイプ，富士山北部山麓では26個体調べて5タイプがみられる．どうみても，鳥取県と岡山県ではリスの遺伝的多様性が低下していると考えざるをえない．

　一般的に，動物の集団が孤立して小さくなってしまうと，遺伝的浮動が作用して，集団の遺伝的多様性が損なわれてしまうことがよくある．大きなびんのなかに黒玉と白玉2種類が半々入っていても，それを狭いびんの口からひっくり返して取り出すとき，必ずしも黒玉と白玉が半分ずつにはならず，偶然に黒玉ばかりや白玉ばかりになってしまうことがあるのと似ている．それで，こうした遺伝的浮動をびん首効果という．また，一度絶滅してしまった地域に，再侵入によって新たな個体群が形成されたときにも，遺伝的多様性は低くなる．偶然侵入した少数個体に起因して新集団ができるときの遺伝的浮動を創始者効果という．鳥取から岡山にかけてのニホンリスの遺伝的多様性の低下は，これらの遺伝的浮動がかかわっている可能性が高いと思われる．つまり，この地域では，最近，リスの集団が孤立して小さくなってしまったか，あるいは再侵入によって形成されたのかもしれない．

（4）各地の地域個体群

　九州でニホンリスが生息しているのかどうかは古くから議論の的であった．最近，九州ではニホンリスの生息が確認されていない．しかも，九州で採集された過去のニホンリスの標本が残されていないため，もともと生息していたという証拠もない．森林総合研究所の安田雅俊さんは，過去の文献や狩猟統計などを詳細にあたり，生息の可能性がある地点の絞り込みを行った（安田2007）．また，そうした地点での痕跡調査も遂行され，新聞などのマスメディアを利用して情報収集に努めた．そのなかで，北九州市の縄文時代の貝塚，永犬丸遺跡から，ニホンリスの門歯と考えられる骨が発見された（岡崎2010）．したがって，九州にはもともとニホンリスが生息していたことは確かなようである．しかし，いま現在，九州においてニホンリスが生息しているという報告はまだされていない．今後の成果が期待される．

　千葉県の房総半島は，(株)セレスの研究員である矢竹一穂さんによって，

最近の生息分布の変化が比較的よく調査されている．2001 年の調査時点で，県北部では，調査した 48 カ所の三次メッシュ（1 km×1 km）のうち，25 メッシュ（52%）で生息が確認された．ところが，2010 年にその 25 メッシュで再度調査を行ったところ，6 メッシュで生息が確認されなくなった．県北部では市街化による緑地の孤立が進んでいるほか，急激なマツ枯れの進行で森林が劣化していることが示唆された．一方，県南部では，2001 年に 77 メッシュ中，57 メッシュで生息が確認された（74%）．2010 年にはそのうちの 10 メッシュで調査を行ったところ，6 メッシュで生息が確認されなかった．しかし，その周囲 12 メッシュで新たな生息が確認されたので，全体として顕著な生息地の縮小は認められていない．房総半島では，人為による土地利用によって生息地の劣化や消失が起こっていると考えられるが，とくにニホンリスの生息環境として重要なマツ林の衰退が，大きく影響していると考えられている（矢竹ほか 2011）．

　野生動物の分布調査ではよく，植生データと生息の有無とを重ね合わせて解析を行い，ある種の動物がどのような環境で生息する，あるいは生息しない傾向があるのかを調べる．こうした解析をすると，ニホンリスは少しでも森林があればどこにでも生息するという安易な結果に陥ることが多い．実際には，これまで述べてきたように，ニホンリスは森林の断片化には敏感に反応する種であるし，生息環境の好みも明確である．しかし，植生図と生息調査によるデータ解析では，森林の連続性とニホンリスの生息に有意な関連は見出せないこと，また，リスが好むはずのマツ林が選択されてこないことも指摘されている（矢竹 2010）．その原因として，まず，①人目につきにくいリスでは，アンケートによって得られる生息情報が限られているため，定量評価できるデータが充分取れていないという問題がある．また，②比較的人目にふれることが多い低山帯の人為的環境での情報に偏重し，ほんとうの分布状況を把握できていない．さらに，③リスが餌資源として必要とするオニグルミやマツ類，巣場所として利用する高木のモミなどは，植生図レベルではなく，単木として扱うべきスケールであるため，まちがった結論に導かれる．たとえば，スギの植林地の林縁などに，オニグルミやアカマツがある程度生育していればリスは生息できるが，この場合，植生図ではスギ林を選好したことになってしまう．けっきょく，ニホンリスなどの小動物は，こうし

た広域的なデータ解析には適していないわけである．もっと詳細な，たとえば数 m 単位で植生データが利用でき，リスの位置情報の精度も高まり，目撃地点についての情報数が増加すれば，現実的な解析が可能になるだろう．それまでは，手間はかかるが現場を細かく踏査することが必要である．

　しかし，ほとんどの地域で，現場踏査による生息調査は行われていない．中国地方西部や九州では，ニホンリスがもともと生息していたかどうか，きちんとした記録がないまま，地域的絶滅が起こってしまったという状況なのである．兵庫県淡路島は標本が保存されていることから，以前は生息していたことになっている．しかし，現在，生息は確認されていない．神奈川県三浦半島でも，じつはニホンリスが生息していたという記録はない．房総半島や伊豆半島などの近隣の半島部では生息しているので，生息していない理由がよくわからない．関東平野がいまのような開発を受ける前は，生息していたのだろうか．いまとなっては，なにもわからない．ニホンリスの分布の衰退については，あまり一般には問題視されていないが，地域的絶滅がもっとも急激に進んでいる種なのかもしれない．

6.4　外来種問題

（1）イギリスの外来リス

　リスの生息をおびやかす原因が，リスであることもある．最近，外来種が在来生物に与える影響について，かなり耳にするようになった．リス類もその例外ではない．もっとも有名な事例はアメリカからイギリスに導入されたハイイロリスが野生化し，在来種であるキタリスの生息を脅かしているというものだ（図 6.12；Pepper and Patterson 2001）．

　1828 年に，はじめてウェールズのデンビーでハイイロリスの野生化が報告されたが，その導入経緯は不明である（Laidler 1980）．その後 1876 年に，イングランド北部チェシャーに 1 つがいが放獣された記録をはじめとし，1929 年までにイギリス各地で少なくとも 26 回もの放獣が記録されている．1930 年から 1945 年ごろには，急激に分布地域が広がり，1980 年ごろまでには，北部を除いてイギリスのほぼ全域に分布するにいたった（Loyd 1983）．

6.4 外来種問題　183

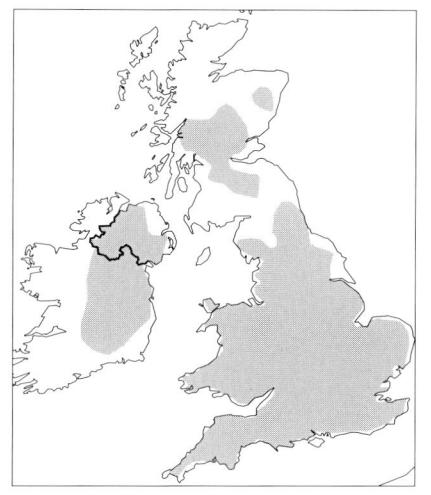

ハイイロリス　　　　　　　　　　　キタリス

図 6.12　イギリスにおけるハイイロリスとキタリスの生息地（Pepper and Patterson 2001 より）.

　一方，イギリスにもともと生息しているキタリスは，各地で減少の一途をたどっている．その原因は，必ずしもハイイロリスの侵入と直接かかわっているものばかりではない．このころ，イギリスでは農地などの開発にともない，各地で森林面積が急に減少した．そのため，ハイイロリスが侵入した地域には，すでにキタリスがいなくなっていたというケースが多い（Reynolds 1985）．実際，ハイイロリスとキタリスが同じ地域で 15 年以上共存し続けているケースもあり，2 種の間で競争排除が起こっているかどうかについては疑問視する意見もある．

　ハイイロリスは，原産地である北アメリカでは広葉樹林に生息し，餌としてドングリ類を好んで利用する．イギリスにおいても，ハイイロリスは，針葉樹林よりも広葉樹林で，繁殖するメスの割合が高く，子の生残率が高く，生息密度が高いことがわかっている（Smith and Gurnell 1997）．イギリスには，北部スコットランド地方のヨーロッパアカマツ林を除いて，本来ほとんど落葉広葉樹林が広がっていた．イギリスに唯一生息する樹上性リス類であったキタリスは，もともと広葉樹林にも針葉樹林にも分布していたはずであ

る．おそらく，ハイイロリスがいなければ，広葉樹林に適応した生態を示す地域個体群もいたと考えられる．しかし，針葉樹の人工林や外来種広葉樹の植林などが各地にみられる現在では，イギリス中南部の広葉樹林はハイイロリスに占拠され，北部に残る針葉樹林のわずかな地域がキタリスの生息地となっている．両種の分布が重なる地域でも，キタリスが針葉樹を利用し，ハイイロリスが広葉樹林を利用するという生息環境選好の違いから，両種は競合していないという考えもあるが（Moller 1983），一方で，両種の競合が危惧されるという研究例もある．キタリスだけしか生息しない地域に比べてハイイロリスとキタリスが共存している地域では，若いキタリスが生残し繁殖に加わる割合（リクルート）が少なく，成長率も悪いことが示された（Wauters et al. 2000）．したがって，ハイイロリスの存在は，若い個体を通して，キタリスの個体群存続に負の影響を与えているといえる．

現在，キタリスの減少にハイイロリスが拍車をかけた要因として，感染症の伝播を支持する考えが有力である（Sainsbury et al. 2008）．Sciurus 属のリスの感染症としては，ダニが媒介者となる皮膚介せん症，パラポックスウイルス感染症，コクシジウム症，狂犬病などが知られている（Laidler 1980）．ランカシャー地方や東アングリア地方で近年みられたキタリスの地域的絶滅の原因として，パラポックス感染症がかかわっていることも明らかになっている（Sainsbury et al. 1997）．こうした地域では，ハイイロリスも生息しており，両種ともパラポックスウイルスを保有している．しかし，キタリスでは感染すると死亡にいたるが，ハイイロリスでは抗体をもつため，死亡しないことがわかった．このパラポックスウイルスは，これまでキタリスのすむイギリスでは知られておらず，ハイイロリスによってもちこまれた可能性が高い（Sainsbury and Gurnell 1995）．

イギリスにもともと生息しているキタリスは，ユーラシア大陸のキタリスと同種であるが，島であるため遺伝的な固有性があるものと考えられ，別の亜種として区別されている（Lowe and Gardiner 1983）．つまり，日本の北海道にしか生息しないキタリスの亜種エゾリスと同様，イギリスのキタリスもほかの地域にはない遺伝的固有性があったのである．しかし，イギリスでは，アメリカからハイイロリスを導入しただけでなく，ヨーロッパ各地からキタリスも導入した過去がある．記録が残っているだけでも，スカンジナビ

アから 1793 年，1910 年，1930 年にそれぞれ導入されている（Lowe and Gardiner 1983）．実際，遺伝学的な解析を試みたところ，現在のイギリスのキタリスは，ヨーロッパ各地と比べて，とくにこれといった遺伝的特異性が見出されず，度重なる導入の影響が示唆されている（Barratt *et al.* 1999）．

イギリスの事例は，国外からリスを導入した結果生じる，さまざまな問題点をまさに凝集している．しかし，同じようなことは，日本をはじめ，ほかの国々でも起こり始めている．

（2）日本の外来リス

日本でも，外国産のリスが古くからペットとして輸入されている．チョウセンシマリス（*Tamias sibiricus*）やクリハラリス（*Callosciurus erythraeus*）は，1940 年ごろからペットショップに出回っていた．1990 年代以降，エキゾチックアニマルブームで，ペットショップでみかけるリスの種もさらに多様になった．このころ，日本に輸入された外国産リス類の種数は 40 種という報告もある（柳川 2000）．リス類は飼育下におかれても，すばやい動きをするので，不用意に逃げられることが多い．環境省による聞き取り調査では，1989 年にチョウセンシマリスが 25 都道府県で確認されているが，それらもペットが逃げたか，捨てられたりしたものであると考えられている．しかし，個人が飼育するペットだけではなく，観光地で大型ケージにたくさ

図 6.13 クリハラリス（*Callosciurus erythraeus*）が放し飼いにされた観光リス園．

んの外国産リスが飼育される"リス園"もつくられるようになった（図 6.13）．こうしたリス園では，ケージが壊れるなどのきっかけで，リスが大量に逃げる事態につながる可能性がある．

　日本でこれまでに野生化していることがわかっている外来リス類は，クリハラリス，シマリス，キタリスの3種（あるいはフィンレイソンリスを含め4種；第1章1.3(4)参照）である．日本国内では，外来リス種による在来リス種への明確な影響は，まだ確認されていない．確認されていないだけであって，もしかしたらすでに影響が出ている可能性はある．ただ，外来種と在来種が同じ地域に生息しているという実態が報告されていないのである．これまで外来リス種は，市街地や島嶼部で野生化してきたため，すぐに在来リス種と分布を重ねることがほとんどなかった．しかし，外来リス種の分布拡大が進むにつれ，在来種の生息域にも到達することは今後避けられない．本格的に外来リスの分布拡大を調査するシステムをつくる必要がある．

　実際，外来種の分布拡大の勢いは予想以上なのである．クリハラリスがどのように個体数を増加させ，分布拡大していったのかを概観してみることにする．日本ではじめてクリハラリスの野生化が報告された伊豆大島では，1930年代に飼育ケージから逃亡，その13年後には約 27 km^2，30年後には火山によってできた砂漠地帯を除く全島 55 km^2 におよんでいる（宇田川 1954）．福江島でも移入後11年には 3 km^2，15年後に 17 km^2，17年後に 25 km^2 に森林被害面積が広がった（鮎川ほか 2005）．和歌山県友が島では100個体が移入され，わずか4年後には全島面積 1.5 km^2 に分布を拡大している（Setoguchi 1990）．長崎県壱岐島では，逃亡から20年以内で島の北半分にあたる約 46 km^2 に達している（鳥居ほか 2010）．静岡県東伊豆町では，農地や山林が続く温暖な東海岸に1980年ごろから野生化が始まった．電話線や柑橘類への被害を出しつつ，標高が 700 m 以下の常緑広葉樹林を中心に生息範囲を広げ，7年後には 15 km^2（伏見 1989），25年後には南北約 37 km の範囲に早いペースで分布を拡大している（大橋・大場 2007）．

　一方，市街地での分布拡大は，点在する緑地を伝いながら比較的ゆっくりと進行する．神奈川県では，移入から約10年後で 14 km^2（木下 1989），30年後で 33 km^2（Shoji and Obara 1981），40年後で 48 km^2（古内ほか 1990）と，最初は比較的まとまった緑地にとどまっていた．しかし，その後，住宅

地の庭や公園などを足場に分布を着実に広げ，50年後で300 km^{2}に達している（園田・田村 2003）．同様に静岡県浜松市の市街地では，15年後で7 km^2（伊東 私信），34年後に22 km^2（高野ほか 2005）と，やはり比較的ゆっくりとしたペースで，しかし確実に分布を拡大している．同様の市街地分布地域，たとえば岐阜県金華山，姫山公園，大阪城，和歌山城などでは，いまのところ限られた緑地から分布を広げている様子はみられないが，今後，分布が拡大する危険には充分配慮する必要がある．以上のように，野生化した環境によって分布拡大速度に差はあるものの，いずれの地域でも，分布域は指数関数的に増加する（田村 2011）．野性化し始めたころは，ゆっくりとしか分布が広がらない．しかし，しだいに分布拡大速度は上がり，しまいには手がつけられないほど広がりだす．

　この指数関数的な分布拡大には根拠がある．クリハラリスは個体数密度が高く，密集して暮らしているようにみえるが，成熟したメスどうしは排他的な行動圏をもつ．したがって，大雑把に考えれば，メスの個体数が増加するのに比例して，分布面積が増加するわけである．オスはメスの行動圏に重複しながら生きているので，メスの分布域は概ねオスの分布域であることにもなる．また，性比はややオスに偏る傾向はあるものの，総個体数をメスの数の2倍として計算しても，それほど大きな誤算にはならない．そこで，メスの個体数増加速度がわかれば，分布域の拡大速度が推定でき，今後の分布拡大あるいは個体数増加の予測がつくということになる．もともと，個体数増加速度を求めようと思ってデータをとっていたわけではないのだが，クリハラリスの調査を鎌倉で開始したころから，捕獲個体には個体識別用の首輪を付け，どの個体がどれだけ子どもを育て，いつまで調査地で生きているのかを記録していた．当時，夢中になっていたリスの社会構造を知るためだったのである．しかし，そのデータが別のところで役に立つことになった．

　個体数の増加速度を知るためには，メスはいつから繁殖し，1年間に何回繁殖し，何個体子どもを育て，どれだけ生きるのかというデータが重要になる．鎌倉の山林で7年間調査をした結果，以下のことが明らかになった．まず，メスは1歳で成熟し，繁殖を開始する．年間繁殖回数は平均1.2回（0-3回），離乳までにいたった子の数は平均1.3頭（1-2頭），1歳までの生残率は0.70, 2歳までの生残率は0.49, 3歳までの生残率は0.28, 4歳までの生

残率は 0.02 であり，5 歳以上生きた個体はいなかった（田村 2004）．これらの値から推定されるメスの個体数増加速度は，1 年間あたり約 9% である（内的自然増加率 $r=0.089$）．通常，限られた資源のなかで生息する動物の個体数増加速度は，密度が高くなるにつれて下がる"密度効果"が働く．しかし，分布拡大の途上にある外来種においては，個体数は密度効果がほとんど働かないネズミ算的（すなわち，指数関数的）増加を示していると推定される．なぜならば，個体数が多くなり資源が乏しくなる前に分散して，新しい分布地で増加することが可能だからである．神奈川県のクリハラリスの場合も，分布拡大の途上であるから，ここで求めた増加率が一定に維持され続けると仮定してみる．1 個体のメスが占有する平均行動圏面積や導入からの年数から，個体数増加の経緯や分布面積の経時的変化を予測することができる．すると，予測された分布面積と実際に分布していた面積の変化はよく適合した（図 6.14）．したがって，神奈川県における分布拡大の実態は，メスの個体数増加速度によってある程度説明することができそうである．ここで注意しなくてはならないことは，1 個体のメスにとっては同じ増加速度でも，母数が増えるにつれて増加数は桁違いになっていくことである．そして，人間が問題を感じるころにはすでに，個体数増加を抑えることが困難な状況にま

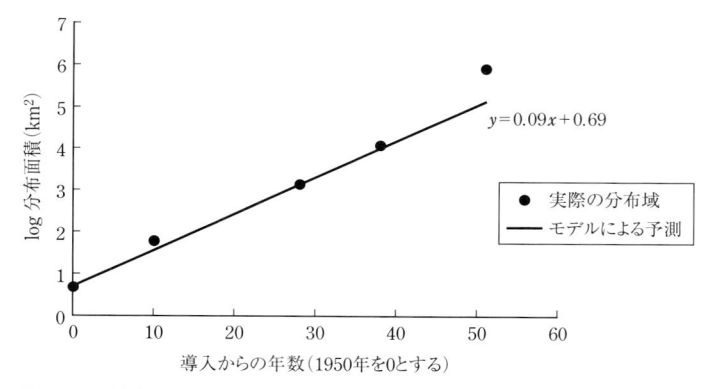

図 6.14 神奈川県におけるクリハラリスの分布拡大の実際とモデルによる予測．
個体数増加から予測される分布域を実線で示した．分布調査データから実際の分布面積を測定した結果を黒丸で示した．

6.4 外来種問題　189

（3）その他の国の外来リス

　イタリアには，本来，キタリス1種が生息するはずであるが，現在では3種の外来種が導入され，野生化している（Bertolino *et al.* 2000）．1948年に，イタリア北西部のピードモントに2ペアのハイイロリスがアメリカのワシントン州から導入された．つぎに1966年に5個体のハイイロリスがバージニア州から導入され，ゲノアに放獣される．さらに，1994年にはノヴァーラに3ペアが放獣された．このうち，ノヴァーラの個体は2年後にすべて捕獲された．ゲノアでは市街地の環境であるため樹木が少なく，ハイイロリスの分布域は$2\text{-}3\,\text{km}^2$の範囲にとどまっている．しかし，ピードモントでは，急激な分布拡大が起こっている．20年後には$25\,\text{km}^2$範囲にとどまっていたが，40年後には$243\,\text{km}^2$，50年後には$380\,\text{km}^2$に達した（Bertolino and Genovesi 2003）．イタリアでも，やはり分布拡大は指数関数的に進んでいるといえる．イタリアでは，イギリスの事例をふまえ，外来種ハイイロリスが在来種キタリスに与える影響を懸念し，1990年代に研究者らがハイイロリスの駆除を徹底的に行う措置を政府機関に申し出た．しかし，動物愛護団体からの反対を受け，駆除の措置が先送りになった．その間，ハイイロリスの個体数は爆発的に増加し，在来種であるキタリスの分布域が減少している（Wauters *et al.* 1997）．

　イタリアでは，フィンレイソンリス（*Callosciurus finlaysonii*）も導入され，分布を拡大中である．1980年代に2ペアのフィンレイソンリスがアレキサンドリアの公園に放たれた．約50個体のリスが現在でもこの地域周辺に生息している．また，ベルーノ，ベローナ，ローマなどのイタリア各地ではシマリスも野生化している．

　ヨーロッパではこのほか，フランスのルカプ・アンテイーブでも1970年代初頭にクリハラリスを愛玩用として導入し，定着した．在来種キタリスとの競合が危惧されている（Gurnell and Wauters 1999）．2005年になって，ベルギーのダディゼールの公園でもクリハラリスが野生化していることが確認された（Stuyck *et al.* 2009）．

　1973年，南アメリカ大陸のアルゼンチン，ブエノスアイレスで，囲いに

飼育されていたクリハラリスが逃亡し，それらが定着した．30年後には680 km^2 の範囲に分布が拡大している（Guichón et al. 2005）．アルゼンチンでは，果物や林業などへの被害がある一方で，ペットや愛玩対象としてクリハラリスを受け入れている傾向もあり，さらに別の地域コルドバへの再導入も起こっている．今後，さらなる分布拡大が心配される．

　北アメリカ各地の公園などで，ハイイロリスやキツネリスが放獣されている．これらの種は北アメリカの東部に分布しているのだが，同じ国のなかでも，それらが本来分布していない中西部などの地域へ導入されている．もともと中西部に生息している別種アベルトリス（*Sciurus aberti*）やセイブハイイロリス（*Sciurus griseus*）の生息に影響を与える可能性が危惧されている（Steele and Koprowski 2001）．たとえば，キツネリスは1904年にロサンゼルスに導入され，その後，カリフォルニア州一帯に分布を広げた．もともと生息しているセイブハイイロリスとは，利用する巣場所や食物が重なり，両種の間で頻繁に個体間干渉が観察されている（King 2004）．カリフォルニア州南部において，セイブハイイロリスの生息が危ぶまれているが，生息地の減少だけではなく，キツネリスの分布拡大も影響している可能性がある．

　このように，世界各地でリス類は意図的に導入され，そして分布を拡大し，在来種に被害を与え始めている．実際に中国や東南アジアの市場では，クリハラリスやフィンレイソンリスなど *Callosciurus* 属のリスがよく売られているのをみる（図6.15）．食用として利用されるほか，生きたままペットとして販売されるのである．国内だけではなく，国外へも輸出される可能性もある．*Callosciurus* 属のリスは身近なところで容易に捕獲でき，飼育下での繁殖も容易である．これが現金収入になるとすれば，リスを商品とする習慣はますます増加する恐れがある．外来種として導入先で引き起こす問題ももちろんだが，本来の生息地における乱獲や遺伝子の攪乱に拍車がかかることもまた問題である．

　こうした外来種の導入からわかるように，多くの場合，人間はリス類を愛玩動物であると認識している．つまり，身近な存在であることを望んでいるようである．実際，海外の公園などでみた，人慣れしたリスをうらやましがり，なぜ日本ではこういう光景がないのかと嘆く声も聞かれる．しかし，公園で人から餌をもらって人なつこく生きているリスたちは，場合によっては

図 6.15 バンコクの市場で売られていた *Calloscirurus* 属の子リス.

導入された外来種である，ということに気づいている人はどれだけいるだろうか．人間はリスのすむ森という情景を求めているのかもしれないが，リスの行動や生態をきちんと理解しているわけではない．森にすむリス類をその森から切り離して，別の環境で生かす意味は考えられない．本来ならば，リスが身近な存在でいられるような，そういう森をそれぞれの地域で残す努力をしていくべきなのである．

引用文献

[和文]

阿部永監修（2008）日本の哺乳類（改訂2版）．東海大学出版会，206 pp.

朝日稔（1961）友ガ島のタイワンリス．第1報 樹皮に対する加害．動物社会研究 1：45-85.

鮎川かおり・前田一・久林高市（2005）タイワンリスによる森林被害と対策——長崎県五島列島福江島の事例．森林防疫 54：115-121.

古内昭五郎・荒井和俊・鈴木一子（1990）神奈川県におけるリス類（ムササビ・ニホンリス・タイワンリス）の生息状況について（2）．神奈川県立自然保護センター研究報告 7：127-134.

伏見裕之（1989）東伊豆町におけるタイワンリス被害対策．森林防疫 38：15-18.

林典子（2006）里山の森林動物と共存していくために．森林総合研究所平成18年度研究成果選集，pp. 32-33.

林田光祐（1988）北海道アポイ岳におけるキタゴヨウの種子散布と更新様式．北海道大学農学部演習林研究報告 46：177-190.

金澤晴子（2002）茨城県水戸市周辺域の孤立した林地におけるニホンリスの生息分布．リスとムササビ No. 11：14-15.

環境庁自然保護局野生生物課編（1993）日本産野生生物目録脊椎動物編．自然環境研究センター，80 pp.

木下節子（1989）外来種台湾リスは何故鎌倉で分布を広げることができたのか．トヨタ財団第5回研究コンクール奨励研究報告書．

小林亜由美・神崎伸夫・片岡友美・田村典子（2009）富士山亜高山帯に生息するニホンリス（*Sciurus lis*）の環境選択とゴヨウマツ（*Pinus parviflora*）球果の選択性．哺乳類科学 49：13-24.

小池伸介・正木隆（2008）本州以南の食肉目3種による木本果実利用の文献調査．日本森林学会誌 90：26-35.

藏本卓哉・池田瞳・鳥居春巳・押田龍夫（2009）外来タイワンリス類 *Callosciurus* の種同定に関する研究——フィンレイソンリス *C. finlaysonii* は静岡県に生息するのか？ 日本哺乳類学会2009年度大会講演要旨．

林良恭・陳彦君（1999）腹部毛色の特徴に基づいた，タイワンリス *Callosciurus erythraeus* の分類学的検討について．哺乳類科学 39：189-191.

三谷雅純（2000）兵庫県の野生哺乳類の現状と保護管理の課題．人と自然 11：43-59.

百原新（1996）第四紀の日本列島地形形成と植物の絶滅・進化．関東平野 4：29-36.

仁平義明（1995）ハシボソガラスの自動車を利用したクルミ割り行動のバリエーション．日本鳥類学会誌 44：21-35.

西千秋・出口善隆・青井俊樹（2010）岩手県に生息するメスのニホンリス（*Sciurus lis*）の行動圏面積と重複率．日本哺乳類学会2010年度大会講演要旨．

西垣正男（2001）長野県の2地域におけるニホンリスの生態．リスとムササビ No. 9：2-4.

大橋正孝・大場孝裕（2007）伊豆半島東海岸におけるタイワンリスの分布拡大．静岡県森林・林業研究センター研究成果情報平成18年度．

岡崎美彦（2010）北九州市永犬遺跡出土の齧歯類遺物とニホンリス遺物の可能性．（財）北九州市芸術文化振興財団研究紀要 24：25-27.

押田龍夫（1999）日本産リス科動物の自然史とブラキストン線．哺乳類科学 39：337-342.

押田龍夫（2007）日本に持ち込まれた外来リス類の分子系統学的研究．生物科学 58：229-232.

斉藤新一郎（2000）木と動物の森づくり――樹木の種子散布作戦．八坂書房，195 pp.

佐藤和彦（1998）リス類の咬筋と比較機能形態学．リスとムササビ No. 4：10-13.

佐藤友紀子（2004）タイワンリスの視覚的空間認知能力に関する行動学的研究．麻布大学大学院獣医学研究科博士論文，119 pp.

柴田敏隆（1971）かながわの動物と人間．かながわの自然 14：3-7.

繁田真由美・押田龍夫・岡崎弘幸（2000）狭山丘陵で発見されたキタリスについて．リスとムササビ No. 7：6-9.

島田卓哉（2009）野ネズミと堅果との関係．日本の哺乳類学①小型哺乳類．東京大学出版会，pp. 273-297.

園田陽一・田村典子（2003）神奈川県における土地利用とリス類3種（ムササビ，ニホンリス，タイワンリス）の環境選択性．神奈川県自然環境保全センター 2：13-17.

高野彩子・鳥居春巳・藤森文臣（2005）静岡県浜松市の市街地に生息するタイワンリスの管理をめざして．リスとムササビ No. 17：6-8.

田村典子（1991）リス亜属の配偶システム．遺伝 45：46-50.

田村典子（1998）ニホンリス（*Sciurus lis*）の植生選択．日本生態学会誌 48：123-127.

田村典子（2004）神奈川県における外来種タイワンリスの個体数増加と分布拡大．保全生態学研究 9：37-44.

田村典子（2005）限界地めぐり――ニホンリスとタイワンリス．森林科学 44：37-41.

田村典子（2008）山梨県における材線虫病被害とニホンリスの生息状況．森林野生動物研究会誌 33：20-24.

田村典子（2011）クリハラリス．日本の外来哺乳類．東京大学出版会（印刷中）．

田村典子・相京千香・片岡友美（2007a）ニホンリスの生息場所としてのアカマツ林の環境評価．日本林学会誌 89：71-75.

田村典子・松尾龍平・田中俊夫・片岡友美・広瀬南斗・冨士本八央・日置佳之

（2007b）中国地方におけるニホンリスの生息状況．哺乳類科学 47：231-237.
鳥居春巳・小寺裕二・高野彩子（2010）壱岐におけるクリハラリスによる造林木被害．リスとムササビ No. 24：14-18.
鳥取県（2002）レッドデータブックとっとり動物編．鳥取県生活環境部，214 pp.
宇田川龍夫（1954）伊豆大島におけるタイワンリスの生態と駆除．林業試験場研究報告 67：93-102.
山田勝（2006）岡山県におけるニホンリスの生息状況について．しぜんくらしき 57：2-7.
柳川久（2000）ペットとして日本に持ち込まれている外国産リス類．リスとムササビ No. 7：2-3.
安田雅俊（2007）絶滅のおそれのある九州のニホンリス，ニホンモモンガ，およびムササビ――過去の生息記録と現状および課題．哺乳類科学 47：195-206.
安田雅俊（2008）熱帯雨林の人為攪乱と哺乳類の分布．熱帯雨林の自然史．東海大学出版会，pp 184-215.
矢竹一穂（2010）行動調査によるニホンリス（*Sciurus lis*）の生態と生息環境．千葉大学博士論文，80 pp.
矢竹一穂・秋田毅・阿部學（1999）人工放獣されたニホンリスの空間利用．哺乳類科学 39：9-22.
矢竹一穂・秋田毅・古川淳（2011）千葉県におけるニホンリスの生息状況の変遷．千葉県立中央博物館自然誌研究報告 11：19-30.
矢竹一穂・秋田毅・古川淳・浅田正彦（2005）千葉県におけるニホンリス（*Sciurus lis*）の分布状況．千葉県立中央博物館自然誌研究報告 8：41-48.

[英文]

Altmann S. A. (1956) Avian mobbing behavior and predator recognition. Condor 58：241-253.
Andren H. and Lemnell P. (1992) Population fluctuations and habitat selection in the Eurasian red squirrel *Sciurus vulgaris*. Ecography 15：303-307.
Aukema B. H., Carroll A. L., Zhu J., Raffa F., Sickley T. A. and Taylor S. W. (2006) Landscape level analysis of mountain pine beetle in British Columbia, Canada：spatiotemporal development and spatial synchrony within the present outbreak. Ecography 29：427-441.
Barratt E. M., Gurnell J., Malarky G., Deaville R. and Bruford M. W. (1999) Genetic structure of fragmented populations of red squirrel (*Sciurus vulgaris*) in the UK. Molecular Ecology 8：55-63.
Benkman C. W. (1995) The impact of tree squirrels (*Tamiasciurus*) on Limber pine seed dispersal adaptation. Evolution 49：585-592.
Benkman C. W., Holimon W. C. and Smith J. W. (2001) The influence of a competitor on the geographic mosaic of coevolution between crossbills and lodgepole pine. Evolution 55：282-294.
Benson B. N. (1980) Dominance relationships, mating behaviour and scent marking

in fox squirrels (*Sciurus niger*). Mammalia 44 : 143-160.
Bertolino S., Currado I., Mazzoglio P. and Amori G. (2000) Native and alien squirrels in Italy. Hystrix 11 : 65-74.
Bertolino S. and Genovesi P. (2003) Spread and attempted eradication of the grey squirrel (*Sciurus carolinensis*) in Italy, and consequences for the red squirrel (*Sciurus vulgaris*) in Eurasia. Biological Conservation 109 : 351-358.
Black C. C, (1972) Holarctic evolution and dispersal of squirrels (Rodentia : Sciuridae). Evolutionary Biology 6 : 305-322.
Blumstein D. T. and Armitage K. B. (1997a) Does sociality drive the evolution of communicative complexity? A comparative test with ground-dwelling Sciurid alarm calls. The American Naturalist 150 : 179-200.
Blumstein D. T. and Armitage K. B. (1997b) Alarm calling in yellow-bellied marmots : 1. The meaning of situationally variable alarm calls. Animal Behaviour 53 : 143-171.
Clarkson K., Eden S. F., Sutherland W. J. and Houston A. I. (1986) Density dependence and magpie food hoarding. Journal of Animal Ecology 55 : 111-121.
Corbet C. B. and Hill J. E. (1992) The Mammals of the Indomalayan Region. Oxford University Press, 488 pp.
Cudworth N. L. and Koprowski J. L. (2010) Influences of mating strategy on space use of Arizona gray squirrels. Journal of Mammalogy 91 : 1235-1241.
Curio E., Ernst U. and Vieth W. (1978) Cultural transmission of enemy recognition : one function of mobbing. Science 202 : 899-901.
Delin A. E. and Andren H. (1999) Effects of habitat fragmentation on Eurasian red squirrel (*Sciurus vulgaris*) in a forest landscape. Landscape Ecology 14 : 67-72.
Don, B. A. (1983) Home range characteristics and correlates in tree squirrels. Mammal Review 13 : 123-132.
Downhower J. F. and Armitage K. B. (1971) The yellow-bellied marmot and the evolution of polygamy. The American Naturalist 105 : 355-370.
Eible-Eibesfeldt I. (1951) Beobachtungen zur Fortpflanzungsbiologie und Jugendentwichlung des Eichhörnchens. Zeitschrift für Tierpsychologie 8 : 370-400.
Elliott P. F. (1974) Evolutionary responses of plants to seed-eaters : pine squirrel predation on lodgepole pine. Evolution 28 : 221-231.
Emmons L. H. (1978) Sound communication among African rainforest squirrels. Zeitschrift für Tierpsychology 47 : 1-49.
Emmons L. H. (1980) Ecology and resource partitioning among nine species of African rain forest squirrels. Ecological Monographs 50 : 31-54.
Emry R. J. and Thorington Jr. R. W. (1982) Descriptive and comparative osteology of the oldest fossil squirrel, *Protosciurus* (Rodentia : Sciuridae). Smithonian Contributions to Paleobiology 47 : 1-35.
Farentinos R. C. (1972) Social dominance and mating activity in the tassel-eared squirrel (*Sciurus aberti ferreus*). Animnal Behaviour 20 : 316-326.
Farentinos R. C. (1974) Social communication of the tassel-eared squirrel (*Sciurus*

aberti) : a descriptive analysis. Zeitschrift für Tierpsychologie 34 : 441-458.
Farentinos R. C. (1980) Sexual solicitation of subordinate males by female tassel-eared squirrels (*Sciurus aberti*). Journal of Mammalogy 61 : 337-341.
Fichtel C. and Kappeler P. M. (2002) Anti-predator behavior of group-living Malagasy primates : mixed evidence for a referential alarm call system. Behavioral Ecology and Sociobiology 51 : 262-275.
Garber P. A. and Sussman R. W. (1984) Ecological distinctions between sympatric species of *Saguinus* and *Sciurus*. American Journal of Physical Anthropology 65 : 135-146.
Grady R. M. and Hoogland J. L. (1986) Why do male black-tailed prairie dogs (*Cynomys ludovicianus*) give a mating call? Animal Behaviour 34 : 108-112.
Granz W. E. (1984) Food and habitat use by two sympatric *Sciurus* species in central Panama. Journal of Mammalogy 65 : 342-347.
Guichón M. L., Bello M. and Fasola L. (2005) Expansión poblacional de una esoecie introducida en la Argentina : la ardilla de vientre rojo *Callosciurus erythraeus*. Mastozoología Neotropical 12 : 189-197.
Gurnell J. (1987) The Natural History of Squirrels. Christopher Helm, 201 pp.
Gurnell J. and Wauters L. (1999) *Callosciurus erythraeus*. In : The Atlas of European Mammals (Mitchell-Jones A. J., Amori G., Bogdanowicz W., Krystufek B., Reijnders, P. J. H., Spitzenberger F., Stubbe M., Thissen J. B. M., Vohralik V. and Zima J. eds.). Poyser Natural History, pp. 182-183.
Gyger M. and Marler P. (1988) Food calling in the domestic fowl, *Gallus gallus* : the role of external referents and deception. Animal Behaviour 36 : 358-365.
Halliday T. and Arnold S. J. (1987) Multiple mating by females : a perspective from quantitative genetics. Animal Behaviour 35 : 939-941.
Hamilton W. D. (1964a, b) The genetical evolution of social behavior Ⅰ, Ⅱ. Journal of Theoretical Biology 7 : 1-16, 17-52.
Hayashida M. (1989) Seed dispersal by red squirrels and subsequent establishment of Korean pine. Forest Ecology and Management 28 : 115-129.
Hershkovitz P. (1972) The recent mammals of the neotropical region : a zoogeographic and ecological review. In : Evolution Mammals and Southern Continents (Keast A., Erkland F. and Glass B. eds.). State University of Albany Press, pp. 311-431.
Holmes W. G. (1984) The ecological basis of monogamy in Alaskan hoary marmots. In : The Biology of Ground-Dwelling Squirrels (Murie J. O. and Michener G. R. eds.). University of Nebraska Press, pp. 250-274.
Hrdy S. B. (1979) Infanticide among animals : a review, classification and examination of the implication for the reproductive strategies of individuals. Journal of Ethology and Sociobiology 1 : 13-40.
Janzen D. H. (1980) When is it coevolution? Evolution 34 : 611-612.
Jenkins F. A. and McClearn D. (1984) Mechanisms of hind foot reversal in climbing mammals. Journal of Morphology 182 : 197-219.

Jepsen G. L. (1937) A paleocene rodent, *Paramys atavus*. Proceedings of the American Philosophical Society 78 : 291-301.

Kataoka T., Aikyo C., Watanabe M. and Tamura N. (2010) Home range and population dynamics of the Japanese squirrel in natural red pine forests. Mammal Study 35 : 79-84.

Kataoka T. and Tamura N. (2005) Effects of habitat fragmentation on the presence of Japanese squirrels, *Sciurus lis*, in suburban forests. Mammal Study 30 : 131-137.

Kato J. (1985) Food and hoarding behavior of Japanese squirrels. Japanese Journal of Ecology 35 : 13-20.

Kemp G. A. and Keith L. B. (1970) Dynamics and regulation of red squirrel (*Tamiasciurus hudsonicus*) populations. Ecology 51 : 763-779.

King J. L. (2004) The current distribution of the introduced fox squirrel (*Sciurus niger*) in the greater Los Angeles metropolitan area and its behavioral interaction with the native western gray squirrel (*Sciurus griseus*). A master thesis to the Faculty of the Department of Biological Sciences California State University, 131 pp.

Kitamura S., Yumoto T., Poonswad P., Chuailua P., Plongmail K., Maruhashi T. and Noma N. (2002) Interactions between fleshy fruits and frugivores in a tropical seasonal forest in Thailand. Oecologia 133 : 559-572.

Koford R. R. (1982) Mating system of a territorial tree squirrel (*Tamiasciurus douglasii*) in California. Journal of Mammalogy 63 : 274-283.

Koprowski J. L. (1992) Removal of copulatory plugs by female tree squirrels. Journal of Mammalogy 73 : 572-576.

Koprowski J. L. (1993) Alternative reproductive tactics in male eastern gray squirrels : "making the best of a bad job". Behavioral Ecology 4 : 165-171.

Laidler K. (1980) Squirrels in Britain. David and Charles Inc. 192 pp.

Leighton M. (1993) Modeling dietary selectivity by Bornean Orangutans : evidence for integration of multiple criteria in fruit selection. International Journal of Primatology 14 : 257-313.

Lott D. F. (1983) Intraspecific variation in the social systems of wild vertebrates. Behavior 18 : 266-325.

Lowe V. P. W. and Gardinar A. S. (1983) Is the British squirrel (*Sciurus vulgaris leucourus* Kerr) British? Mammal Review 13 : 57-67.

Loyd H. G. (1983) Past and present distribution of red and grey squirrels. Mammal Review 13 : 69-80.

MacDonald I. M. V. (1992) Grey squirrels discriminate red from green in a foraging situation. Animal Behaviour 43 : 694-695.

Macedonia J. M. and Evans C. S. (1993) Variation among mammalian alarm call systems and the problem of meaning in animal signals. Ethology 93 : 177-197.

MacKinnon J. (1978) Stratification and feeding differences among Malaysian squirrels. Malayan Nature Journal 30 : 593-608.

Manno T. G., Nesterova A. P., Debarbieri L. M., Kennedy S. E., Wright K. S. and Dobson F. S. (2007) Why do male Columbian ground squirrels give a mating call? Animal Behaviour 74 : 1319-1327.

McEuen A. B. and Steele M. A. (2005) A typical acorns appear to allow seed escape after apical notching by squirrels. American Midland Naturalist 154 : 450-458.

McNab B. K. (1963) Bioenergetics and the determination of home range size. The American Naturalist 97 : 133-140

Mercer J. M. and Roth V. L. (2003) The effects of Cenozoic global change on squirrel phylogeny. Science 299 : 1568-1572.

Mezquida E. T. and Benkman C. W. (2004) The geographic selection mosaic for squirrels, crossbills and Aleppo pine. Journal of Evolutionary Biology 18 : 348-357.

Michener G. R. (1983) Kin identification, matriarchies and the evolution of sociality in ground-dwelling Sciurids. In : Advances in the Study of Mammalian Behavior (Eisenberg J. F. and Kleiman D. G. eds.). American Society of Mammalogist Special Publications 7, pp. 528-572.

Minjin B. (2004) An Oligocene sciurid from the Hsanda Gol Formation, Mongolia. Journal of Vertebrate Paleontology 24 : 753-756.

Møller A. P. (1988) False alarm calls as a means of resource usurpation in the great tit *Parus major*. Ethology 79 : 25-30

Moller H. (1983) Foods and foraging behaviour of red and gray squirrels. Mammal Review 13 : 81-98.

Muchlinski A. E. and Shump K. A. (1979) The Sciurid tail : a possible thermoregulatory mechanism. Journal of Mammalogy 60 : 652-654.

Murie O. J. (1974) Animal Trackes (The Peterson Field Guide Series). Hoghton Mifflin Company, 375 pp.

Nowak R. M. (1991) Walker's Mammals of the World 5th ed. Vol. 1. The Johns Hopkins University Press, 642 pp.

Oshida T., Arslan A. and Noda M. (2009) Phylogenic relationships among the old world *Sciurus* squirrels. Folia Zoologica 58 : 14-25.

Oshida T., Lin L. K., Yanagawa H., Endo H. and Masuda R. (2000a) Phylogenetic relationships among six flying squirrel genera, inferred from mitochondrial cytochrome *b* gene sequences. Zoological Science 17 : 485-489.

Oshida T. and Masuda R. (2000) Phylogeny and zoogeography of six squirrel species of the genus *Sciurus* (Mammalia, Rodentia), inferred from cytochrome *b* gene sequences. Zoological Science 17 : 405-409.

Oshida T., Yanagawa H., Tsuda H., Inoue S. and Yoshida M. C. (2000b) Comparisons of the banded karyotypes between the small Japanese flying squirrel, *Pteromys momonga* and the Russian flying squirrel, *Pteromys volans* (Rodentia, Sciuridae). Caryologia 53 : 133-140.

Oshida T., Yasuda M., Endo H., Hussein N. A. and Masuda R. (2001) Mollecular phylogeny of five species of the genus *Callosciurus* (Mammalia, Rodentia)

inferred from cytochrome *b* gene sequences. Mammalia 65 : 473-482.
Parker G. A. (1970) Sperm competition and its evolutionary consequences in the insects. Biological Review 45 : 525-567.
Payne J. B. (1980) Competitor. In : Malayan Forest Primate (Chivers D. J. ed.). Plenum Press, pp. 261-277.
Payne J., Francis C. M. and Phillips K. (1985) A Field Guide to the Mammals of Borneo. The Sabah Society with World Wildlife Fund Malaysia, 332 pp.
Pepper H. and Patterson G. (2001) Red Squirrel Conservation. Forestry Commission Practice Note 5, Edingburgh, 8pp.
Piaggio A. J. and Spicer G. S. (2000) Molecular phylogeny of chipmunk genus *Tamias* based on the mitochondrial cytochrome oxidase subunit 2 gene. Journal of Mammalian Evolution 7 : 147-163.
Reynolds J. C. (1985) Details of the geographic replacement of the red squirrel by the grey squirrel in eastern England. Journal of Animal Ecology 54 : 149-162.
Sainsbury A. W. and Gurnell J. (1995) An investigation into the health and welfare of red squirrels, *Sciurus vulgaris*, involved in reintroduction studies. Veterinary Record 137 : 367-370.
Sainsbury A. W., Nettleton P. and Gurnell J. (1997) Recent developments in the study of parapoxvirus in red and grey squirrels. In : The Conservation of Red Squirrels, *Sciurus vulgaris* L. (Gurnell J. and Lurz P. eds.). People's Trust for Endangered Species, pp. 105-108.
Sainsbury A. W., Stack M. J. and Rushton S. P. (2008) Poxviral disease in red squirrels *Sciurus vulgaris* in the UK : spatial and temporal trends of an emerging threat. EcoHealth 5 : 305-316.
Seiwa K. (2000) Effects of seed size and emergence time on tree seedling establishment : importance of developmental constraints. Oecologia 123 : 208-215.
Setoguchi M. (1990) Food habits of red-bellied tree squirrels on a small island in Japan. Journal of Mammalogy 71 : 570-578.
Seyfarth R. M., Cheney D. L. and Marler P. (1980) Monkey responses to three different alarm calls : evidence of predator classification and sematic communication. Science 210 : 801-803.
Sherman P. W. (1977) Nepotism and the evolution of alarm calls. Science 197 : 1246-1253.
Sherman P. W. (1989) Mate guarding as paternity insurance in Idaho ground squirrels. Nature 338 : 418-420.
Shimada T. and Saitoh T. (2003) Negative effects of acorns on the wood mouse *Apodemus speciosus*. Population Ecology 45 : 7-17.
Shimada T. and Saitoh T. (2006) Re-evaluation of the relationship between rodent populations and acorn masting : a review from the aspect of nutrients and defensive chemicals in acorns. Population Ecology 48 : 341-352.
Shoji T. and Obara H. (1981) The movements of Formosan golden-backed squirrel

in the urban environment. The case of squirrels in Kamakura City. Chiba Bay-coast Cities Project Ⅲ : 103-105.
Smallwood P. D. and Peters W. D. (1986) Grey squirrel food preferences : the effects of tannin and fat concentration. Ecology 67 : 168-174.
Smith C. C. (1968) The adaptive nature of social organization in the genus of tree squirrels, *Tamiasciurus*. Ecological Monographs 38 : 31-63.
Smith C. C. (1970) The coevolution of pine squirrel (*Tamiasciurus*) and conifers. Ecological Monograph 40 : 349-371.
Smith C. C. and Follmer D. (1972) Food preferences of squirrels. Ecology 53 : 82-91.
Smith D. and Gurnell J. (1997) The ecology of the grey squirrel in conifer forests. In : The Conservation of Red Squirrels (Gurnell J. and Lurz P. eds.). People's Trust for Endangered Species, pp. 109-120.
Smith W. J. (1991) Animal communication and the study of cognition. In : Cognitive Ethology (Ristau C. A. ed.). Lawrence Erlbaum, pp. 209-230.
Snyder M. A. (1992) Selective herbivory by Abert's squirrel mediated by chemical variability in Ponderosa pine. Ecology 73 : 1730-1741.
Stacey, P. B. (1982) Female promiscuity and male reproductive success in social birds and mammals. The American Naturalist 120 : 51-64.
Stanford A. M., Harden R. and Parks C. R. (2000) Phylogeny and biogeography of *Juglans* based on mATK and ITS sequence data. American Journal of Botany 87 : 872-882.
Stapanian M. A. and Smith C. C. (1978) A model for seed scatterhoarding : coevolution of fox squirrels and black walnuts. Ecology 59 : 884-896.
Steele M. A. and Koprowski J. L. (2001) North American Tree Squirrels. Smithosian Institution Press, 201 pp.
Steele M. A., Manierre S., Genna S., Contreras T., Smallwood P. D. and Pereira M. (2006) The innate basis of food-hoarding decisions in grey squirrels : evidence for behavioural adaptations to the oaks. Animal Behaviour 71 : 155-160.
Stuyck J., Baert K., Breyne P. and Adriaens T. (2009) Invasion history and control of a Pallas squirrel *Callosciurus erythraeus* population in Dadizele, Belgium. Proceedings of the Science Facing Aliens Conference, Brussels. 11th May 2009, Poster 6.
Summers R. and Proctor R. (1999) Tree and cone selection by crossbills *Loxia* sp. and red squirrels *Sciurus vulgaris* at Abernethy forest, Strathspey. Forest Ecology and Management 118 : 173-182.
Swihart R. K. and Nupp T. E. (1998) Modeling population responses of North American tree squirrels to agriculturally induced fragmentation of forests. In : Ecology and Evolutionary Biology of Tree Squirrels (Steele M. A., Merritt J. F. and Zegers D. A. eds.). Special Publication, Virginia Museum of Natural History 6, pp. 1-19.
Tamura N. (1989) Snake-directed mobbing by the Formosan squirrel *Callosciurus erythraeus thaiwanensis*. Behavioral Ecology and Sociobiology 24 : 175-180.

Tamura N. (1993) The role of sound communication in mating of Malaysian *Callosciurus* (Sciuridae). Journal of Mammalogy 74 : 468-476.

Tamura N. (1994) Application of radio-transmitter for studying seed dispersion by animals. Journal of the Japanese Forestry Society 76 : 607-610.

Tamura N. (1995) Postcopulatory mate guarding by vocalization in the Formosan squirrel. Behavioral Ecology and Sociobiology 36 : 377-386.

Tamura N. (2001) Walnut hoarding by the Japanese field mouse, *Apodemus speciosus* Temminck. Journal of Forest Research 6 : 187-190.

Tamura N. (2004) Effects of habitat mosaic on home range size of the Japanese squirrel, *Sciurus lis*. Mammal Study 29 : 9-14.

Tamura N. (2011) Population differences and learning effects in walnut feeding technique by the Japanese squirrel. Journal of Ethology 29 : 351-363.

Tamura N., Hashimoto Y. and Hayashi F. (1999) Optimal distances for squirrels to transport and hoard walnuts. Animal Behaviour 58 : 635-642.

Tamura N. and Hayashi F. (2007) Five-year study of the genetic structure and demography of two subpopulations of the Japanese squirrel (*Sciurus lis*) in a continuous forest and an isolated woodlot. Ecological Research 22 : 261-267.

Tamura N. and Hayashi F. (2008) Geographic variation in walnut seed size correlates with hoarding behaviour of two rodent species. Ecological Research 23 : 607-614.

Tamura N., Hayashi F. and Miyashita K. (1988) Dominance hierarchy and mating behavior of the Formosan squirrel, *Callosciurus erythraeus thaiwanensis*. Journal of Mammalogy 69 : 320-331.

Tamura N., Hayashi F. and Miyashita K. (1989) Spacing and kinship in the Formosan squirrel living in different habitats. Oecologia 79 : 344-352.

Tamura N., Katsuki T. and Hayashi F. (2005) Walnut seed dispersal : mixed effects of tree squirrels and field mice with different hoarding ability. In : Seed Fate (Forget, P. M., Lambert, J. E., Hulme, P. E. and Vander Wall, S. B. eds.). CAB International, pp 241-252.

Tamura N. and Oba T. (1993) Nestling sounds of the plantain squirrel (Sciuridae : *Callosciurus notatus*). Natural History Research 2 : 167-173.

Tamura N. and Shibasaki E. (1996) Fate of walnut seeds, *Juglans ailanthiforia*, hoarded by Japanese squirrels, *Sciurus lis*. Journal of Forest Research 1 : 219-222.

Tamura N. and Yong H. S. (1993) Vocalizations in response to predators in three species of Malaysian *Callosciurus* (Sciuridae). Journal of Mammalogy 74 : 703-714.

Taub D. (1980) Female choice and mating strategies among wild barbary macaques. In : The Macaques : Studies in Ecology, Behavior and Evolution (Lindburg, D. G. ed.). Van Nostrand Reinhold, pp. 287-344.

Thompson D. C. (1977) Reproductive behaviour of the grey squirrel. Canadian Journal of Zoology 55 : 1176-1184.

Thompson D. C. (1978) The social system of the grey squirrel. Behaviour 64 : 305-328.
Thompson J. N. (1997) Evaluating the dynamics of coevolution among geographically structured populations. Ecology 78 : 1619-1623.
Thorington Jr. R. W., Miller A. M. L. and Anderson C. G. (1998) Arboreality in tree squirrels (Sciuridae). In : Ecology and Evolutionary Biology of Tree Squirrels (Steele M. A., Merritt J. F. and Zegers D. A. eds.). Special Publication, Virginia Museum of Natural History 6, pp 119-130.
Thornhill R. (1976) Sexual selection and nuptial feeding behavior in *Bittacus apicalis* (Insecta : Mecoptera). The American Naturalist 110 : 529-548.
Thornton A. and McAuliffe K. (2002) Teaching in wild meerkats. Science 313 : 227-229.
VerBoom B. and van Apeldoorn R. C. (1990) Effects of habitat fragmentation on the red squirrel, *Sciurus vulgaris* L. Landscape Ecology 4 : 171-176.
Wauters L., Currado I., Mazzoglio P. J. and Gurnell J. (1997) Replacement of red squirrels by introduced grey squirrels in Italy. In : The Conservation of Red Squirrels, *Sciurus vulgaris* L. (Gurnell J. and Lurz P. eds.). People's Trust for Endangered Species, pp. 79-88.
Wauters L. and Dhondt A. A. (1992) Spacing behaviour of red squirrels, *Sciurus vulgaris* : variation between habitats and the sexes. Animal Behaviour 43 : 297-311.
Wauters L., Dhondt A. A. and De Vos R. (1990) Factors affecting male mating success in red squirrels (*Sciurus vulgaris*). Ethology Ecology and Evolution 2 : 195-204.
Wauters L., Lurz P. W. W. and Gurnell J. (2000) The interspecific effects of grey squirrels on the space use and population dynamics of red squirrels in conifer plantations. Ecological Research 15 : 271-284.
Wauters L., Matthysen E., Adriaensen F. and Tosi G. (2004) Within-sex density dependence and population dynamics of red squirrels *Sciurus vulgaris*. Journal of Animal Ecology 73 : 11-25.
Weigl P. D. and Hanson E. V. (1980) Observational learning and the feeding behavior of the red squirrel *Tamiasciurus hudsonicus* : the ontogeny of optimization. Ecology 6 : 213-218.
Yatake H., Akita T., Hishikawa S., Kurashima N., Arakawa S. and Abe M. (2005) Habitat use of Japanese squirrels in fragmented forest area. Abstract of the IX International Mammalogical Congress.

おわりに

　リスはこれまで長い地球の歴史のなかで，興味深い行動や生態を進化させながらも，ずっと変わらず森での暮らしを続けてきた．しかし，かれらがこの先もずっと，地球上の森で変わらず生き続けていけるだろうか．それぞれの地域の森に適応してきたかれらの暮らしをみると，どの種も，どの地域個体群も，いなくなってほしくない．リスが生き続けられる森を維持することが，おそらく地域の森をよい状態にしておくことにつながるはずである．

　リスの生態については，わからないことがたくさん残っている．でも，いろいろな人が違った角度から研究をすれば，もっとわかることが増えてくるだろう．多くの知見が集積されることで，適切な保全策につながるだろうし，さらに興味深い発見の糸口になるだろう．この本が今後の研究のたたき台になればありがたい．

　本書執筆の機会を与えていただいた東京大学出版会編集部の光明義文さんに感謝申し上げる．また，本書をまとめるにあたり，資料をくださった安田雅俊さん，写真を快く提供してくださった Dr. John Koprowski，浅利裕伸さん，上山剛司さん，山本成三さん，そして，文章を読み適切なアドバイスをくださった押田龍夫さん，矢竹一穂さん，繁田真由美さん，藤井友紀子さんに感謝申し上げたい．

　リスという限られた研究対象をいろいろな角度から理解しようと研究しているうちに，見る世界が広がっていった．こうした一連のかかわりを探求し続けられたことはとても幸せであった．本書をまとめていて，研究を続けてこられた背景には，さまざまな局面で貴重な出会いがあったことに，あらためて気づかされた．まずは，研究生活をスタートした東京都立大学の動物生態学研究室では，研究対象にとことん興味をもつという調査の基本的な姿勢を教えてもらったと思う．その後も，多くの研究者の方たちとの交流や助言から，研究の方向性やヒントをたくさん与えていただいた．また，調査の現場では，それぞれの調査地でほんとうに多くの方々のご協力や励ましをいた

だいた．高尾の多摩森林科学園に就職してからは，職場のみなさんに公私にわたって支えていただいた．こうした幸せな出会いがなければ，母親業と研究を両立することはできなかっただろう．

　そして，やはり家族によって支えられていたことも痛感した．動物の研究という理解しがたい分野へ進む娘を，心配しながらも長い目で見守ってくれた両親，いつも相談にのってもらった妹，研究の初めから現在にいたるまで，つねによき相談相手でありパートナーとなってくれた主人には，感謝しつくせない．私にとって子どもたちの存在は，なによりも大きく，すべての活力の源であった．最後に，これまで研究にかかわってくれたたくさんのリスたちに心から感謝したい．

事項索引

ア　行

亜種　12
アームレース　125
アルゼンチン　189
生きた化石　2
イギリス　182
イタリア　189
一夫一妻制　23
一夫多妻制　23
遺伝子の攪乱　18,190
遺伝的固有性　184
遺伝的浮動　180
移動分散　161
移動ルート　175
茨城県水戸市周辺　162
ウル・ゴンバック（Ulu Gombak）　69
運搬距離　110,113,115,119
運搬に要した時間　113
永犬丸遺跡　180
餌資源の量　93
餌メニュー　46
エナメル質　7
エネルギー配分　137
エビフライ　129,171,177
尾　9
追いかけ合い　76
大型種子　119
親子関係　146
音響特性　61,85
音声信号　55
音声の意味　60

カ　行

回収効率　114

階層構造　63,86
外側咬筋　8
外来種　17,182
核型　14
学習　143
学習効果　143
カゴワナ　29
火山性礫地　130
果実　47
カシ林生態系　149
化石　1
風散布　101
滑空性リス類　3
カフェテリア実験　150
ガボン　82
鎌倉　20
体のサイズ　83
カラマツ林　130
眼窩　8
桿状体　11
感染症の伝播　184
擬攻　50
儀式化した行動　68
季節差　115
北アメリカ　190
球果のサイズ　133
臼歯　7
給餌台　102,150,155
給餌箱　107,151,152
九州　180
狂犬病　184
共進化　123
暁新世　1
競争種　115
嘴の長さ　125

206 事項索引

苦痛の音声（distress call） 78
首輪 30
クルミ 97
軍拡競争 125, 150
警戒音声（アラームコール） 49, 61, 78, 80, 86
系統進化 5, 6
血縁 39
血縁淘汰説 52
咬筋 8
後肢 10
更新 137
好適な環境 159
行動観察 75
行動圏 34
行動圏サイズ 92, 168
交尾後音声 63, 76
交尾栓 67
交尾前音声（mating call） 63, 77
交尾騒動 22, 74
小型種子 119
コクシジウム症 184
子殺し 39
個体識別 28
個体数増加速度 187
個体数密度 92
コメツガ林 130
混交林 94
痕跡調査 178
昆虫 47
墾丁 44

サ　行

最外郭法 34
最小存続可能個体数（MVR; minimum viable population） 165
最小要求面積（MAR; minimum area requirement） 165
採食技術 143
採食行動 46
採食効率 98, 123, 131
サイズ変異 118

再生（プレイバック） 61
再生実験 64
最適密度モデル（ODM; optimum density model） 109
さえずり 77
雑音構造 63
三角測量法 91
三次元的環境 61
三次元的空間利用 8
色覚 11
試行錯誤 143
自己学習 143
自己防衛 49
歯根 7
始新世 2
指数関数 187
実効性比（operational sex ratio） 37
自動撮影カメラ 152, 155
社会学習 143, 145
社会構造 44, 53
社会進化 55
重婚 39
集団生活 53
集中貯食 127
周波数 64
周波数変調 85
種間比較 69
種子サイズ 121
種子散布 101, 149
種子散布者 121, 135
樹上食痕 177
樹上性リス類 2
樹上貯食 103
樹洞 14
種皮 127
樹皮（樹液） 47, 100
順位 38
食痕 105, 129, 171
植生環境 81
植林地 94
シラビソ／オオシラビソ林 130
森林限界 128

錘状体　11
巣場所　166
性差　36
生残率　47, 117
精子競争　39
生息痕跡　161
生息密度　47, 170
生理的馴化　153
接触を求める音声（contact seeking call）　77
節足動物　83
絶滅　158
絶滅の恐れのある地域個体群
　（LP；threatened local population）　176
前臼歯　7
前肢　10
染色体数　14
鮮新世　2
漸新世　2
創始者効果　180
相利共生　107
束生　137
疎林　94

タ　行

体重　13
対捕食者行動　52
台湾　41
多回交尾　39
高尾（山）　88, 150, 155
多型　162
多種共存　84
だまし　67, 86
単系統　5
探索時間　115
タンナーゼ産生腸内細菌　154
タンニン　153
タンニン結合性唾液タンパク質（PRPs）　153
地域個体群　121, 158
地域差　143, 157
地域的絶滅　182

地下の巣　15
地球温暖化　175
地上食痕　177
地上性捕食者　86
地上性リス類　3
父親の隠蔽　39
地中貯食／集中貯食　107
窒素消化率　153
チトクロームb遺伝子　14
地表貯食　103
地表貯食／分散貯食　107
中国地方　177
貯食　99
貯食型散布　101
貯食頻度　120
地理的モザイク説（geographic mosaic）　128
定住期間　169
低周波　85
定着期間　162
テレメトリー　88, 128
天敵　48, 164
東京都西部　159
頭胴長　13
逃避行動　60
冬眠　15
ドングリ　98

ナ　行

内側咬筋　8
内的自然増加率　188
なわばり（テリトリー）　23
肉球　10
ニッチ　83
日本固有種　12
乳児のカチカチ音（ticking call）　78
乳児の呼び声（isolation call）　78
乳頭数　16
盗み交尾　24
熱帯林　82
年齢　146

ハ　行

胚芽を摘出　149
配偶行動　20
配偶者選択　27
排他的　187
発芽　105
発声間隔　64
パナマ　84
母親　148
パラポックスウイルス感染症　184
ハレム　23
半分割　138
被食型散布　101
皮膚介せん症　184
飛膜　16
病虫害　175
びん首効果　180
複数の胚軸　149
富士山　155
冬芽　100
フランス　189
ブリティッシュコロンビア州　175
プリベイト　89,138
文化的な伝達　145
分断化　158
分布拡大　186
ペット　185
ベルギー　189
防衛音声（defensive call）　78
豊作　173
放獣　182
房総半島　180
頬袋　15
捕獲　89

母系関係　162
母樹　116
保定器具　30

マ　行

マイクロチップ　146
マツ枯れ　167
マツボックリ（球果）　123
マレーシア　69
実生　116
密度依存的　110
密度効果　188
ミトコンドリア DNA　162,179
ミドン（midden）　127
無線発信器　88,90,101
メタ個体群　166
モビング　50,80
門歯　7

ヤ　行

夜行性　16
山梨県都留市　173
優劣関係　27

ラ　行

落葉広葉樹林　94
乱獲　190
乱婚制　22
リス園　186
利他行動　53
立体視　12
利得量（エネルギー量）　113
緑地面積　159
林縁　130
鱗片　123

生物名索引

Callosciurini グループ　5
Callosciurus 属　69, 71, 83, 190
Callosciurus caniceps　72
Callosciurus erythraeus　72
Callosciurus finlaysonii　72
Callosciurus nigrovittatus　72
Callosciurus prevosti　72
Juglans 属　138, 139
Juglans nigra　140
Kherem hsandgoliensis　1
Lariscus 属　84
Masillamys　1
Paramys 属　1
Paramys atavus　1
Protosciurus 属　2
Protosciurus (Douglassciurus) jeffersoni　2
Quercus 属　148
Ratufa 属　5, 83
Ratufa グループ　5
Sciurillus グループ　5
Sciurini グループ　5
Sciurotamias 属　4
Sciurus 属　9, 14, 139
Sundasciurus 属　83
Tamias 属　5
Tamiasciurus 属　5

ア　行

アイダホジリス (Spermophilus brunneus)　66
アオダイショウ (Elaphe climacophora)　50
アカガシグループ (Lobatae)　149
アカネズミ (Apodemus speciosus)　105, 151, 152, 178
アカマツ (Pinus densiflora)　166
アフリカコビトリス (Myosciurus pumilio)　82
アフリカの樹上性リス　5
アベルトリス (Sciurus aberti)　26, 66, 67, 98, 99, 190
アメリカアカリス (Tamiasciurus hudsonicus)　11, 24, 25, 57, 66, 123, 145, 158, 171, 176
アリゾナハイイロリス (Sciurus arizonensis)　94
アルプスマーモット (Marmota marmota)　23
アレッポマツ (Pinus halepensis)　125
イスカ (Loxia curvirostra)　124
ウスゲアブラヤシリス (Protoxerus stangeri)　82
エゾシマリス (Tamias sibiricus lineatus)　15
エゾモモンガ (Pteromys volans orii)　16
エゾリス (Sciurus vulgaris orientis)　12, 135
オオアカムササビ (Petaurista petaurista)　74
オオタカ (Accipiter gentilis)　164
オグロプレーリードッグ (Cynomys ludovicianus)　3, 55, 66
オジロプレーリードッグ (Cynomys leucurus)　67
オニグルミ (Juglans ailanthifolia)　97

カ　行

カササギ (Pica pica)　110
カラマツ (Larix leptolepsis)　131, 132, 166

210　生物名索引

カリフォルニアジリス（Spermophilus beecheyi）67
カンムリワシ（Spilornis cheela）48
キクイムシの一種（Dendroctonus ponderosae）176
キタリス（Sciurus vulgaris）11-13, 25, 125, 135, 144, 158, 170, 182, 189
キツネリス（Sciurus niger）36, 67, 110, 139, 150, 158, 190
キバラマーモット（Marmota flaviventris）55, 58, 61
キマツシマリス（Tamias amoenus）176
キャンベルモンキー（Cercopithecus campbelli）61
クリハラリス（Callosciurus erythraeus）11, 17, 20, 22, 59, 102, 185, 189
クリームオオリス（Ratufa affinis）83
クロオリス（Ratufa bicolor）83
ゲッ歯類（Rodentia）8
コクモツリス（Sciurus granatensis）85
コメツガ（Tsuga diversifolia）131, 132
ゴヨウマツ（Pinus parviflora）128, 129, 134
コロンビアジリス（Spermophilus columbianus）53, 54, 61, 66

サ　行

サシバ（Butastur indicus）48
サバンナモンキー（Cercopithecus aethiops）61
シジュウカラ（Parus major）68
シマリス（Tamias sibiricus）15
シマリス（Tamias 属）100
シラカシグループ（Quercus）149
シラガマーモット（Marmota caligata）23
ジリス類　53
スコットマツ（Pinus sylvestris）126
セイブハイイロリス（Sciurus griseus）190
セキショクヤケイ（Gallus gallus）68

タ　行

ダイアナモンキー（Cercopithecus diana）61
タイリクモモンガ（Pteromys volans）16
タイワングルミ（Juglans cathayensis）139
タイワンスジオ（Elaphe taeniura）50, 51
タイワンハブ（Protobothrops mucrosquamatus）50
タイワンリス　17, 72
タカネゴヨウ（Pinus armandii）136
ダグラスリス（Tamiasciurus douglasii）24
チビオスンダリス（Sundasciurus lowii）74
チョウセンゴヨウ（Pinus koraiensis）134, 135
チョウセンシマリス（Tamias sibiricus）18, 185
ツキノワグマ（Ursus thibetanus）106
テミンクアフリカヤシリス（Epixerus ebii）83
テン（Martes melampus）129
トウブシマリス（Tamias striatus）15
トウブハイイロリス（Sciurus carolinensis）11
トビ（Milvus migrans）49

ナ　行

ニホンモモンガ（Pteromys momonga）16
ニホンリス（Sciurus lis）12, 13, 27, 88, 128, 150, 159
ネズミ亜目　8
ノルウェートウヒ（Picea abies）171

ハ　行

ハイイロホシガラス（Nucifraga columbiana）127
ハイイロリス（Sciurus carolinensis）11, 25, 26, 67, 139, 149, 154, 158, 170, 182, 189, 190
ハイガシラリス（Callosciurus caniceps）

72
ハイマツ（*Pinus pumila*） 134
ハシブトカラス（*Corvus macrorhynchos*） 49
ハシボソガラス（*Corvus corone*） 106
ハナナガリス（*Rhinosciurus laticaudatus*） 74
バナナリス（*Callosciurus notatus*） 73
バーバリーマカク（*Macaca sylvanus*） 39
ヒッコリー（*Carya tomentosa*） 144
フィンレイソンリス（*Callosciurus finlaysonii*） 18, 71, 189
フランクリンジリス（*Spermophilus franklinii*） 53
プレーリードッグ（*Cynomys* 属） 100
ペルシアリス（*Sciurus anomalus*） 14
ベルディングジリス（*Spermophilus beldingi*） 52, 53
ホシガラス（*Nucifraga caryocatactes*） 132
ホソスンダリス（*Sundasciurus tenuis*） 83
ボルネオコビトリス（*Exilisciurus exilis*） 83
ホワイトスプルース（*Picea glauca*） 171

マ 行

マムシ類の一種（*Agkistrodon acutus*） 51
マンシュウグルミ（*Juglans mandshurica*） 139

ミーアキャット（*Suricata suricatta*） 145
ミケリス（*Callosciurus prevosti*） 71, 72, 83
ミスジヤシリス（*Lariscus insignis*） 74
ムササビ（*Petaurista leucogenys*） 4, 16, 177
ムササビ（*Petaurista* 属） 100
モモンガ（*Pteromys* 属） 100
モルモット（*Cavia porcellus*） 9

ヤ 行

ヤクタネゴヨウ（*Pinus amamiana*） 134
ヤマアラシ亜目 8

ラ 行

リス亜目 8
リチャードソンジリス（*Spermophilus richardsoni*） 61
リンバーマツ（*Pinus flexilis*） 126
ロッジポールマツ（*Pinus contorta*） 123

ワ 行

ワオキツネザル（*Lemur catta*） 61
ワキスジリス（*Callosciurus nigrovittatus*） 73
ワタボウシタマリン（*Saguinus oedipus*） 85

著者略歴

1960年　東京都に生まれる．
1982年　東京都立大学理学部生物学科卒業．
1989年　東京都立大学大学院理学研究科博士課程修了．
現　在　独立行政法人森林総合研究所多摩森林科学園主任研究員，理学博士．
専　門　動物生態学．

主要著書

『日本の哺乳類学①小型哺乳類』（分担執筆，2008年，東京大学出版会）
"Seed Fate"（分担執筆，2005年，CABI）
『森の野生動物に学ぶ101のヒント』（分担執筆，2003年，東京書籍）
『森の研究』（分担執筆，1996年，日本林業調査会）

リスの生態学

2011年9月5日　初　版

［検印廃止］

著　者　田村典子（たむらのりこ）

発行所　財団法人　東京大学出版会

代表者　渡辺　浩

113-8654　東京都文京区本郷7-3-1　東大構内
電話　03-3811-8814・振替　00160-6-59964

印刷所　三美印刷株式会社
製本所　誠製本株式会社

Ⓒ 2011 Noriko Tamura
ISBN 978-4-13-060192-4　Printed in Japan

Ⓡ〈日本複写権センター委託出版物〉
本書の全部または一部を無断で複写複製（コピー）することは，著作権法上での例外を除き，禁じられています．本書からの複写を希望される場合は，日本複写権センター（03-3401-2382）にご連絡ください．

Natural History Series（継続刊行中）

日本の自然史博物館　糸魚川淳二著　　A5判・240頁/4000円
●理論と実際とを対比させながら自然史博物館の将来像をさぐる．

恐竜学　小畠郁生編　　A5判・368頁/4500円（品切）
犬塚則久・山崎信寿・杉本剛・瀬戸口烈司・木村達明・平野弘道著
●7人の日本の研究者がそれぞれ独特の研究視点からダイナミックに恐竜像を描く．

樹木社会学　渡邊定元著　　A5判・464頁/5200円
●永年にわたり森林をみつめてきた著者が描き上げた森林と樹木の壮大な自然史．

動物分類学の論理　馬渡峻輔著　　A5判・248頁/3300円
多様性を認識する方法
●誰もが知りたがっていた「分類することの論理」について気鋭の分類学者が明快に語る．

花の性　その進化を探る　矢原徹一著　　A5判・328頁/4800円
●魅力あふれる野生植物の世界を鮮やかに読み解く．発見と興奮に満ちた科学の物語．

民族動物学　周達生著　　A5判・240頁/3600円
アジアのフィールドから
●ヒトと動物たちをめぐるナチュラルヒストリー．

海洋民族学　秋道智彌著　　A5判・272頁/3800円（品切）
海のナチュラリストたち
●太平洋の島じまに海人と生きものたちの織りなす世界をさぐる．

両生類の進化　松井正文著　　A5判・312頁/4800円
●はじめて陸に上がった動物たちの自然史をダイナミックに描く．

シダ植物の自然史　岩槻邦男著　　A5判・272頁/3400円
●「生きているとはどういうことか」を解く鍵を求め続けてきたあるナチュラリストの軌跡．

太古の海の記憶　池谷仙之・阿部勝巳著　　A5判・248頁/3700円
オストラコーダの自然史
●新しい自然史科学へ向けて地球科学と生物科学の統合が始まる．

哺乳類の生態学　土肥昭夫・岩本俊孝・三浦慎悟・池田啓著　　A5判・272頁/3800円
●気鋭の生態学者たちが描く〈魅惑的〉な野生動物の世界．

高山植物の生態学　増沢武弘著　——　A5判・232頁/3800円（品切）
●極限に生きる植物たちのたくみな生きざまをみる．

サメの自然史　谷内透著　——　A5判・280頁/4200円
●「海の狩人たち」を追い続けた海洋生物学者がとらえたかれらの多様な世界．

生物系統学　三中信宏著　——　A5判・480頁/5600円
●より精度の高い系統樹を求めて展開される現代の系統学．

テントウムシの自然史　佐々治寛之著　——　A5判・264頁/4000円
●身近な生きものたちに自然史科学の広がりと深まりをみる．

鰭脚類 [ききゃくるい]　和田一雄・伊藤徹魯著　——　A5判・296頁/4800円
アシカ・アザラシの自然史
●水生生活に適応した哺乳類の進化・生態・ヒトとのかかわりをみる．

植物の進化形態学　加藤雅啓著　——　A5判・256頁/4000円
●植物のかたちはどのように進化したのか．形態の多様性から種の多様性にせまる．

新しい自然史博物館　糸魚川淳二著　——　A5判・240頁/3800円
●これからの自然史博物館に求められる新しいパラダイムとはなにか．

地形植生誌　菊池多賀夫著　——　A5判・240頁/4400円
●精力的なフィールドワークと丹念な植生図の読解をもとに描く地形と植生の自然史．

日本コウモリ研究誌　前田喜四雄著　——　A5判・216頁/3700円
翼手類の自然史
●北海道から南西諸島まで，精力的にコウモリを訪ね歩いた研究者の記録．

爬虫類の進化　疋田努著　——　A5判・248頁/4000円
●トカゲ，ヘビ，カメ，ワニ……多様な爬虫類の自然史を気鋭のトカゲ学者が描写する．

生物体系学　直海俊一郎著　——　A5判・360頁/5200円
●生物体系学の構造・論理・歴史を分類学はじめ5つの視座から丹念に読み解く．

生物学名概論　平嶋義宏著　——　A5判・272頁/4600円
●身近な生物の学名をとおして基礎を学び，命名規約により理解を深める．

哺乳類の進化　遠藤秀紀著　　A5判・400頁/5000円
●地球史を飾る動物たちの〈歴史性〉にナチュラルヒストリーが挑む．

動物進化形態学　倉谷滋著　　A5判・632頁/7200円
●進化発生学の視点から脊椎動物のかたちの進化にせまる．

日本の植物園　岩槻邦男著　　A5判・264頁/3800円
●植物園の歴史や現代的な意義を論じ，長期的な将来構想を提示する．

民族昆虫学　野中健一著　　A5判・224頁/4200円
昆虫食の自然誌
●人間はなぜ昆虫を食べるのか――人類学や生物学などの枠組を越えた人間と自然の関係学

シカの生態誌　高槻成紀著　　A5判・496頁/7800円（品切）
●動物生態学と植物生態学の2つの座標軸から，シカの生態を鮮やかに描く．

ネズミの分類学　金子之史著　　A5判・320頁/5000円
生物地理学の視点
●分類学的研究の集大成として，さらに自然史研究のモデルとして注目のモノグラフ．

化石の記憶　矢島道子著　　A5判・240頁/3200円
古生物学の歴史をさかのぼる
●時代をさかのぼりながら，化石をめぐる物語を読み解こう．

ニホンカワウソ　安藤元一著　　A5判・248頁/4400円
絶滅に学ぶ保全生物学
●身近な水辺の動物であったニホンカワウソ――かれらはなぜ絶滅しなくてはならなかったのか．

フィールド古生物学　大路樹生著　　A5判・164頁/2800円
進化の足跡を化石から読み解く
●フィールドワークや研究史上のエピソードをまじえながら，古生物学の魅力を語る．

日本の動物園　石田戢著　　A5判・272頁/3600円
●動物園学のすすめ――多様な視点からこれからの動物園を論じた決定版テキスト．

貝類学　佐々木猛智著　　A5判・400頁/5400円
●化石種から現生種まで，軟体動物の多様な世界を体系化．著者撮影の精致な写真を多数掲載．

ここに表記された価格は本体価格です．ご購入の際には消費税が加算されますのでご承知下さい．